数学の**かんどころ** 14

ガロア理論

木村俊一 著

共立出版

編集委員会

飯高　　茂　（学習院大学）
中村　　滋　（東京海洋大学名誉教授）
岡部　恒治　（埼玉大学名誉教授）
桑田　孝泰　（東海大学）

本文イラスト
飯高　　順

「数学のかんどころ」
刊行にあたって

　数学は過去，現在，未来にわたって不変の真理を扱うものであるから，誰でも容易に理解できてよいはずだが，実際には数学の本を読んで細部まで理解することは至難の業である．線形代数の入門書として数学の基本を扱う場合でも著者の個性が色濃くでるし，読者はさまざまな学習経験をもち，学習目的もそれぞれ違うので，自分にあった数学書を見出すことは難しい．山は1つでも登山道はいろいろあるが，登山者にとって自分に適した道を見つけることは簡単でないのと同じである．失敗をくり返した結果，最適の道を見つけ登頂に成功すればよいが，無理した結果諦めることもあるであろう．

　数学の本は通読すら難しいことがあるが，そのかわり最後まで読み通し深く理解したときの感動は非常に深い．鋭い喜びで全身が包まれるような幸福感にひたれるであろう．

　本シリーズの著者はみな数学者として生き，また数学を教えてきた．その結果えられた数学理解の要点（極意と言ってもよい）を伝えるように努めて書いているので読者は数学のかんどころをつかむことができるであろう．

　本シリーズは，共立出版から昭和50年代に刊行された，数学ワンポイント双書の21世紀版を意図して企画された．ワンポイント双書の精神を継承し，ページ数を抑え，テーマをしぼり，手軽に読める本になるように留意した．分厚い専門のテキストを辛抱強く読み通すことも意味があるが，薄く，安価な本を気軽に手に取り通読して自分の心にふれる個所を見つけるような読み方も現代的で悪くない．それによって数学を学ぶコツが分かればこれは大きい収穫で一生の財産と言

えるであろう．

「これさえ摑めば数学は少しも怖くない，そう信じて進むといいですよ」と読者ひとりびとりを励ましたいと切に思う次第である．

編集委員会と著者一同を代表して

飯高　茂

まえがき

　大学の数学科を受験する高校生が，大学で勉強したい事としてよく挙げるのが，「三大作図問題（角の 3 等分問題，立方体の倍積問題，円積問題）の不可能性」や「5 次方程式の解の公式の不可能性」である．問題の意味を正確に理解できる，というのが人気の秘密なのだろうか？　元気のある受験生は，「解けないからと言ってあきらめるのは不誠実ではないか．僕が頑張って解いてみせたいと思います」と言ってくれたりする．私自身，高校生のときに「5 次方程式には解の公式がないかもしれないが，6 次方程式だったら，$6 = 3 \times 2$ だから，うまく 3 次方程式に帰着できるんじゃないか」と考えて無駄な努力をしていたので，そのような発言を聞くと嬉しくなってしまう．だが数学者は「解けないからあきらめた」のではなくて，「定められたルールのもとではどうやっても解けない，と証明することに成功した」のである．

　三大作図問題の不可能性，5 次以上の方程式の解の公式の不可能性，ともにガロア理論の講義で扱う内容だ．だから，ガロア理論の講義は大学での数学の講義のハイライトのひとつである．教える側にも人気があって，講義担当者を決める会議では，ガロア理論の講義は真っ先に担当者が決まってしまう．だからと言って，ガロア理論が楽に教えられる講義だ，というわけではない．1 学期間（半

年）の講義では，5次方程式の解の公式の不可能性を鮮やかに説明するガロアの定理（定理6.29，および問題6.24(3)）までをきちんと説明しようとすると，どうしても時間が足りない．

三大作図問題の不可能性は，ガロアの定理の良い雛形である．定規とコンパスで作図できる点とは，その座標が四則演算と平方根（$+, -, \times, \div, \sqrt{}$）を使ってあらわすことができる点のことなので（定理3.8，定義3.6も参照），例えば立方体の倍積問題の不可能性を示そうと思ったら，$\sqrt[3]{2}$が，整数を材料に，四則演算と平方根であらわすことができない，ということを証明すれば良い．そう聞いて，「なるほど，いかにも不可能そうだ」と感じる読者もいれば，「なんだ，$\sqrt[3]{2}$をあらわしてしまえば良いのか」と逆に反証しようとファイトを燃やし始める読者もいそうだ．「不可能だ」と厳密に証明するには道具が必要で，「体の拡大次数」（定義2.37）という数と「次数公式」（定理2.38）という式を用いる．そうすると，「2を何乗しても3の倍数にならない」という事実から，コンパスと定規だけでは作図は不可能だ，と結論できる．四則演算と平方根で作図できる線分の長さ，というものには強い制限がつき，$\sqrt[3]{2}$のような数はその条件を満たさないのである．

2008年の6月と2009年の3月にカンボジアの王立プノンペン大学で代数学の講義をする機会があった．それぞれ3週間（月～金）×1日4時間（休憩込み）の集中講義なので，時間的には日本の一学期分（16週×[90分（講義）+90分（演習）]，定期試験込み）にほぼ匹敵する．カンボジアではポルポト派の時代に学識者がいなくなってしまったので，高校より先の数学を講義できる人が国内に一人もいなくなってしまった．そこで海外からボランティアを募ってそのような講義をしよう，というフランスのNGO主催のプログラムにのっかったのである．2008年にはユークリッドの互除法の講義をし，2009年には同じ学生たちに向けてガロア理論の

講義をした．本書の前半は，その時のガロア理論の講義ノートをもとにしたものである．高校数学に加えて群・線形代数・ユークリッド互除法についての基本的な知識，そしてカンボジアの学生たちに負けない熱意があれば，3週間足らずで三大作図問題の不可能性についてきちんと理解できるはずである．

　5次方程式の解の公式の不可能性の証明も，流れはほぼ同じだ．「四則演算とベキ乗根で作ることができる数や式」というものには強い制限がつき，5次方程式の解は，その条件を満たさない，という形で，解の公式の不可能性が証明される．だが，その「強い制限」が，この場合は拡大次数のような「数」ではなく，ガロア「群」という構造による制限なので，作図問題より精密な話になる．ガロア理論の講義では，「要するに三大作図問題と同じように証明できるわけです．」と宣言して，アイデアだけをお話として紹介することになる．本書でも，そのディーテールを最初と同じペースで紹介することは与えられたページ数の中では不可能であった．発想は自然なので，第6章で「問題」という形式でそのアウトラインを紹介することにした．ここまできちんと読み進めた読者なら，そのディーテールを埋めることは難しくないはずである．

　これだけだと，「何だ，ガロア理論って不可能を証明するためだけの道具なのか」と思われるかもしれないが，決してそんなことはない．ガロアの定理は不可能性の必要十分条件なので，逆に条件が整えば作図可能性も従う．第5章では，ガロア理論の発想に従って正17角形の作図方法を紹介した．ガウスはガロア（1811年生まれ）以前の1796年にこの作図法を発見したが，ガロア理論の本質的な部分を理解していたであろうことがその日記から伝わってくる．また本書は最後に1の原始11乗根を求める5次方程式が，四則とベキ根であらわされる，というガロア理論の応用をご紹介して終わることになる．これもガロア以前の17世紀にファンデルモン

ドが発見していた計算であり，ガロアが「ガロア理論」としてまとめる以前から，そこにあるべき理論の形を一流の数学者たちが薄々感づいていたことが実感できる．

　1学期間のガロア理論の講義でガロアの定理が紹介しきれなかったことを悔しく思って，2011年に4年生と大学院生向けに「ガロア理論続論」の講義を行った．本書の後半はその講義をもとにしたので，前半より多少ハードルが高くなっているかも知れない．講義に参加してくれた王立プノンペン大学の学生および広島大学の学生たちに，感謝したい．

　2012年10月

　　　　　　　　　　　　　　　　　　　　　　　　　　　　木村　俊一

目　次

第1章　対称性と，代数方程式の解の公式 …………… 1
1.1　本書の目標　2
1.2　群論と方程式（2次方程式の場合）　3
1.3　3次方程式，4次方程式の解法　8
1.4　対称式の視点から見た3次方程式，4次方程式　13

第2章　体 ………… 23
2.1　$\mathbb{Q}(\sqrt{2})$　24
2.2　既約多項式　32
2.3　ユークリッドの互除法と分母の有理化　38
2.4　体 K 上の線形代数と次数公式　50

第3章　作図への応用 ………… 63
3.1　作図可能な数　64
3.2　倍積問題　72
3.3　多項式の既約性判定法と角の三等分　76
3.4　円積問題　81

第4章　ガロア理論の基本定理 ………… 83
4.1　体の準同型　84

4.2　$K(\alpha)$ からの K 上の体の準同型　　90

4.3　体の自己同型とその個数の評価　　100

4.4　体の自己同型とガロアの基本定理　　110

4.5　ガロア拡大とガロア群の例　　119

第 5 章　正 17 角形の作図 ……………………… 135

5.1　1 の n 乗根と円分多項式　　136

5.2　正 17 角形　　151

第 6 章　ガロアの定理 …………………………… 161

6.1　有理関数体と対称式論の基本定理　　162

6.2　5 次以上の方程式の解の公式　　173

6.3　ガロアの定理　　186

練習問題の解答　　199

索引　　201

第 1 章

対称性と，代数方程式の解の公式

　「美しい花がある，『花』の美しさというようなものはない.」小林秀雄『当麻』の一節である．具体的なものを離れて，抽象的な美しさなんてものは存在しない，ということであろう．数学では，「対称な『もの』がある．具体的な『もの』を離れて純粋に対称性だけを取り出したものを『群』と呼ぶ」ということになるだろうか？

　群という対称性の理論を用いて 5 次以上の代数方程式の解の公式がない理由を説明したい，という問題意識が群論，そしてガロア理論の生まれ故郷である．最初のこの章では 2 次，3 次，4 次の方程式の解法を紹介しながら，対称性と解の公式とがどう関係するかをご説明しよう．

カルダノ（Gerolamo Cardano, 1501–1576）

1.1 本書の目標

　本書の目標は，ガロアの理論を紹介することだ．具体的には，5次以上の方程式に解の公式がないことを，群論を使って説明することである．このように聞いた時点で，次のような自然な疑問がわいてくるであろう．

疑問 1.1
　(1) 2次方程式の解の公式は習ったことがあるが，3次，4次なら解の公式があるのか？
　(2) 解の公式がないとは，どういうことか？ 解が必ずしも存在するとは限らないということか？ それとも解は必ずあるのに，それを計算することができない，ということなのか？
　(3) 方程式の解の公式と群がどう関係するのか？

　まず疑問 1.1(1) について．3次，4次の方程式にも，解の公式がある．この章の後半で紹介する．
　次に，疑問 1.1(2) について．代数学の基本定理，という定理があり（定理 4.16 参照），複素数の範囲で d 次代数方程式には d 個の解が存在することが知られている．その解の値も，例えばニュートン法を用いていくらでも正確に求めることができる．だから，「解の公式」とは何か，をはっきりさせないと意味がない．ここで言う「解の公式」とは，方程式の係数と有理数だけを用いて，四則演算とベキ根だけで解をあらわす数式，のことだ．そのような縛りのもとで，5次以上の方程式の解をあらわす公式が作れないことを証明する．

ガロア理論をフルに使うわけではないが，似た方法で解ける問題として，ギリシアの三大作図問題がある．特に角の三等分問題と，倍積問題について，準備ができた時点でご紹介しよう．コンパスと定規を使っては，角の三等分を作図することができない，立方体が与えられたとき，その2倍の体積を持つ立方体を作図することができない，ということを証明する．

「解の公式が存在しない」「作図できない」とネガティブな結果ばかりのようだが，それだけではない．19世紀にガウスが正17角形の作図法を発見したが，そのアイデアはガロア理論そのものなのである．

え？ 疑問1.1(3)はどうなったのかって？ そうそう，それが本書最初のテーマである．

1.2 群論と方程式（2次方程式の場合）

群論とは，対称性を数学的に厳密に扱うための道具であった．何か対称なものがあったとき，その対称性だけを抜き出したものが群なのである．方程式の中にどのように対称性が隠されているかをお見せしよう．まずは次の例題にチャレンジしていただきたい．

例題 1.2

$x^2 + x + 2 = 0$ の2つの解を α, β とする．

(1) $\alpha^2 + \beta^2$ の値を求めよ．

(2) $\alpha^3 + \beta^3$ の値を求めよ．

(3) $\alpha + 2\beta$ の値を求めよ．

まず，解と係数の関係により，$\alpha + \beta = -1$, $\alpha\beta = 2$ が成り立つことに注意する．$(\alpha + \beta)^2 = \alpha^2 + 2\alpha\beta + \beta^2$ より

$$\alpha^2 + \beta^2 = (\alpha + \beta)^2 - 2\alpha\beta$$
$$= (-1)^2 - 2 \times 2$$
$$= -3$$

が例題 1.2(1) の答だ．

また $(\alpha + \beta)^3 = \alpha^3 + 3\alpha^2\beta + 3\alpha\beta^2 + \beta^3$ で，$3\alpha^2\beta + 3\alpha\beta^2 = 3\alpha\beta(\alpha + \beta)$ なので，

$$\alpha^3 + \beta^3 = (\alpha + \beta)^3 - 3\alpha\beta(\alpha + \beta)$$
$$= (-1)^3 - 3 \times 2 \times (-1)$$
$$= 5$$

と例題 1.2(2) が解ける．

では，(3) は？ $\alpha + \beta$ と $\alpha\beta$ を四則演算でどう組み合わせても，$\alpha + 2\beta$ を作ることはできそうにない．では，(3) は解けないのだろうか？ 所詮 2 次方程式なのだから，具体的に α, β を求めてみると

$$\frac{-1 \pm \sqrt{-7}}{2}$$

となる．よって

$$\alpha + 2\beta = \frac{-3 \pm \sqrt{-7}}{2}$$

となることがわかる．つまり，2 つの解のどちらを α でどちらを β とするかによって，$\alpha + 2\beta$ の値は変わってしまうのだ．そしてこのことから，どんなに頑張って $\alpha + \beta$ と $\alpha\beta$ を四則演算で組み合わせても $\alpha + 2\beta$ を作ることはできない，ということがわかる．なぜなら，$\alpha + \beta$ と $\alpha\beta$ を四則演算で組み合わせて作った式は，2 つの

解のどちらを α とし，どちらを β とするかに関係なしに値が定まるからだ．

実はややこしい計算をしなくても，$\alpha+2\beta$ が，$\alpha+\beta$ と $\alpha\beta$ の四則演算による組み合わせではあらわされないことを見抜くことができる．ポイントは，「$\alpha+\beta$」と「$\alpha\beta$」が，α と β を入れ替えても，

$$\alpha+\beta \longrightarrow \beta+\alpha = \alpha+\beta$$
$$\alpha\beta \longrightarrow \beta\alpha = \alpha\beta$$

と変化しない式であるのに対して，

$$\alpha+2\beta \longrightarrow \beta+2\alpha \neq \alpha+2\beta$$

と，$\alpha+2\beta$ は α と β を入れ替えると式が変化してしまうことにある．つまり，次のように定義してみよう．

定義 1.3

多項式 $F(\alpha,\beta)$ が α と β の対称式であるとは，α と β を入れ替えても式が不変であること，すなわち等式

$$F(\alpha,\beta) = F(\beta,\alpha)$$

が成り立つことであると定義する．より一般に，$F(\alpha,\beta)$ が多項式とは限らない数式の場合も，$F(\alpha,\beta) = F(\beta,\alpha)$ が成り立てば，$F(\alpha,\beta)$ を α と β の対称式とよぶ．

$\alpha+\beta$ や $\alpha\beta$ は対称式だが，$\alpha+2\beta$ は対称式ではない，というわけだ．そして次の定理が成り立つ．

定理 1.4

多項式 $F(\alpha,\beta)$ と $G(\alpha,\beta)$ が α と β の対称式ならば，$F(\alpha,\beta)$ と $G(\alpha,\beta)$ を四則演算で組み合わせて作った式 $F(\alpha,\beta) \diamond G(\alpha,\beta)$ も対称式になる．ただし $\diamond$ は $+,-,\times,\div$ のどれかである．$\diamond$ が $\div$ である時は $G(\alpha,\beta) \neq 0$ と仮定する．

[証明]

$$(F \diamond G)(\beta,\alpha) = F(\beta,\alpha) \diamond G(\beta,\alpha) \quad \text{(多項式の四則の定義)}$$
$$= F(\alpha,\beta) \diamond G(\alpha,\beta) \quad \text{(F, G は対称式)}$$
$$= (F \diamond G)(\alpha,\beta) \quad \text{(多項式の四則の定義)}$$

□

つまり，対称式を四則演算でいくら組み合わせても，対称式しか作れない．$\alpha + 2\beta$ は対称式ではないので，$\alpha + \beta$ と $\alpha\beta$ を四則演算で組み合わせて作ることはできないことが，これで厳密に示された．

さて，これまでの考察を，2 次方程式の解の公式作りに当てはめてみよう．2 次方程式 $x^2 + Ax + B = 0$ の解を α,β とするとき，解の公式は α,β を A と B の式としてあらわすものである．つまり

$$\alpha = [A \text{ と } B \text{ であらわされた数式}]$$

という形の式が，解の公式だ．ところが，左辺の α は，α と β の対称式ではない．α と β を入れ替えると「α」という式は「β」という別の式に変わってしまうからだ．したがって，これを A と B の数式であらわそうとすると，四則演算でない演算が何か必要になる．そして，我々はそれがどんな演算か知っている．平方根だ．そして，平方根に課せられた役割は，対称性を壊すことである．

> A と B を四則演算でいくら組み合わせても，α と β の対称性は崩れないので，平方根によってその対称性を壊さないと，解の公式を作ることはできない．

そういう視点から，2 次方程式の解の公式を眺めてみよう．2 次方程式 $x^2 + Ax + B = 0$ の解は

$$\alpha, \beta = \frac{-A \pm \sqrt{A^2 - 4B}}{2}$$

とあらわされるが，$A = -\alpha - \beta, B = \alpha\beta$ なので，平方根の中身を計算してみると

$$\begin{aligned}
A^2 - 4B &= (-\alpha - \beta)^2 - 4\alpha\beta \\
&= \alpha^2 + 2\alpha\beta + \beta^2 - 4\alpha\beta \\
&= \alpha^2 - 2\alpha\beta + \beta^2 \\
&= (\alpha - \beta)^2
\end{aligned}$$

となる．$(\alpha - \beta)^2$ は α と β を入れ替えても不変な式，つまり対称式であるが，その平方根を取ってできる $\alpha - \beta$ は，α と β を入れ替えると $\beta - \alpha$ となり，対称性が確かに崩れている．逆に，次のようにまとめることができる．

> 2 次方程式の解の公式のポイントは，2 乗すると対称式になるが，元の式は対称式ではない $\alpha - \beta$ という式を見つけてくることにある．対称式 $(\alpha - \beta)^2$ を方程式の係数であらわし，その平方根を取ることによって対称性を崩すことができる．

α, β を解に持つ 2 次方程式 $x^2 + Ax + B = 0$ において，$A = -\alpha-\beta$ と $B = \alpha\beta$ を四則演算で組み合わせてできる式は，定理 1.4 により全て対称式であるが，多項式に関してその逆が成り立つ．簡単に確かめることができるはずなので，問題としておこう．

練習問題 1.5

(1) α と β の複素数係数多項式 $F(\alpha, \beta)$ が α と β の対称式ならば，$F(\alpha, \beta)$ は非負整数 n, m により $\alpha^n \beta^n (\alpha^m + \beta^m)$ とあらわされる多項式有限個の線形結合であることを示せ．

(2) $\alpha^n \beta^n (\alpha^m + \beta^m)$ は $A = -\alpha - \beta$ と $B = \alpha\beta$ の多項式としてあらわされることを示せ．

1.3　3次方程式，4次方程式の解法

この節では 3 次方程式 $x^3 + ax^2 + bx + c = 0$ と 4 次方程式 $x^4 + ax^3 + bx^2 + cx + d = 0$ の解法をご紹介する．最初のステップは，方程式を変形して x^2 の係数が 0 となる場合に帰着することである．

3次方程式の解法

命題 1.6　カルダノ変換

方程式 $x^3 + ax^2 + bx + c = 0$ において，$x + \dfrac{a}{3} = y$ とおいて変数変換すると，y に関して y^2 の係数が 0 となるような 3 次方程式に書き換えることができる（このような変換をカルダノ変換と呼ぶ）．

[証明] $x = y - \dfrac{a}{3}$ なので,

$$
\begin{array}{rl}
x^3 =& y^3 - ay^2 + \dfrac{a^2}{3}y - \dfrac{a^3}{27} \\
ax^2 =& ay^2 - \dfrac{2a^2}{3}y + \dfrac{a^2}{9} \\
bx =& by - \dfrac{ab}{3} \\
+)\ c =& + c \\ \hline
0 =& y^3 + \left(b - \dfrac{a^2}{3}\right)y + \left(\dfrac{2a^3}{27} - \dfrac{ab}{3} + c\right)
\end{array}
$$

となり，y についての 3 次方程式として見ると確かに y^2 の係数が 0 になっている． □

そこで以下，$y^3 + py + q = 0$ という形の 3 次方程式の解の公式を考えていくことにする．次の因数分解の公式が役に立つ．

命題 1.7

等式

$$s^3 + t^3 + u^3 - 3stu = (s+t+u)(s^2 + t^2 + u^2 - st - tu - us)$$

が成り立つ．

[証明] 右辺を展開して計算すれば確かめられる． □

さて，$y^3 + py + q = 0$ という 3 次方程式が与えられたとする．ただし，p と q は定数である．

等式 $s^3 + t^3 + u^3 - 3stu = (s+t+u)(s^2 + t^2 + u^2 - st - tu - us)$ において $s = y$ とし，定数 t と u の値をうまく選ぶことで，$y^3 + py + q$ と $y^3 - 3tuy + (t^3 + u^3)$ が y についての同じ多項式になるようにしよう．係数を比較して

$$\begin{cases} -3tu = p \cdots\cdots(1) \\ t^3 + u^3 = q \cdots\cdots(2) \end{cases}$$

が成り立つように t と u の値を選ぶ. (1) より

$$t^3 u^3 = -\frac{p^3}{27} \cdots\cdots(3)$$

なので，(2) と (3) から，2 次方程式の解と係数の関係を用いて，t^3 と u^3 は 2 次方程式 $Z^2 - qZ - \frac{p^3}{27} = 0$ の 2 つの解となるように選べば良い．2 次方程式の解の公式により

$$t^3, u^3 = \frac{q \pm \sqrt{q^2 + \frac{4p^3}{27}}}{2} = \frac{q}{2} \pm \sqrt{\left(\frac{q}{2}\right)^2 + \left(\frac{p}{3}\right)^3}$$

となるので，

$$t, u = \sqrt[3]{\frac{q}{2} \pm \sqrt{\left(\frac{q}{2}\right)^2 + \left(\frac{p}{3}\right)^3}}$$

である．ただし等式 (1) を満たす必要があるので，3 乗根は $tu = -\frac{p}{3}$ を満たすように選ぶ．

このように t, u を選ぶと $y^3 + py + q = y^3 + t^3 + u^3 - 3tu = (y+t+u)(y^2+t^2+u^2-yt-tu-uy)$ は $y+t+u$ を因数に持つので，

$$y = -t - u$$
$$= \sqrt[3]{-\frac{q}{2} + \sqrt{\left(\frac{q}{2}\right)^2 + \left(\frac{p}{3}\right)^3}} + \sqrt[3]{-\frac{q}{2} - \sqrt{\left(\frac{q}{2}\right)^2 + \left(\frac{p}{3}\right)^3}}$$

と解が得られた．

例題 1.8

$x^3 - 3x^2 - 3x - 1 = 0$ を解け．

まずカルダノ変換で，$y = x - 1$ とおくと，y に関して $y^3 - 6y - 6 = 0$ という方程式に書き換えられる．そこで

$$y^3 - 6y - 6 = y^3 - 3tu + (t^3 + u^3)$$

が y について恒等式になるように定数 t, u を選ぼう．$tu = 2$，$t^3 + u^3 = -6$ となるので，t^3, u^3 は $Z^2 + 6Z + 8 = 0$ の 2 つの解となる．$Z^2 + 6Z + 8 = (Z+2)(Z+4)$ なので，例えば $t = -\sqrt[3]{2}, u = -\sqrt[3]{4}$ とすると，$y = -t - u = \sqrt[3]{2} + \sqrt[3]{4}$，よって

$$x = y + 1 = 1 + \sqrt[3]{2} + \sqrt[3]{4}$$

と解が求まった．

なお，3 乗根を複素数の範囲で求めると，$\omega = \dfrac{-1 + \sqrt{-3}}{2}$ を 1 の原始 3 乗根として，$t = -\omega\sqrt[3]{2}$ $\left(\text{よって } u = \dfrac{2}{t} = -\omega^2\sqrt[3]{4}\right)$，あるいは $t = -\omega^2\sqrt[3]{2}$ $\left(\text{よって } u = \dfrac{2}{t} = -\omega\sqrt[3]{4}\right)$ という選択肢もある．それらの選択肢に応じて

$$x = 1 + \omega\sqrt[3]{2} + \omega^2\sqrt[3]{4}$$
$$x = 1 + \omega^2\sqrt[3]{2} + \omega\sqrt[3]{4}$$

という残り 2 つの解も見つけることができる．

練習問題 1.9

3 次方程式 $x^3 + x - 1 = 0$ を解け．

🍇 4次方程式の解法

次に 4 次方程式の解法をご紹介しよう．

$x^4 + ax^3 + bx^2 + cx + d = 0$ という方程式が与えられたとき，$x + \dfrac{a}{4} = y$ とおくことで $y^4 + py^2 + qy + r = 0$ という形に変換できる（4 次方程式のカルダノ変換）．証明は命題 1.6 と同様なので省略する．

さて，ここで定数 k を使って，方程式を次のように変形しよう．k の値はあとで定めることにする．

$$y^4 + 2ky^2 + k^2 = (2k-p)y^2 - qy + k^2 - r$$

この左辺は $(y^2 + k)^2$ を展開したものである．もしこの式の右辺が y についての 1 次式を 2 乗したものになれば，

$$(y \text{ の 2 次式})^2 - (y \text{ の 1 次式})^2 = 0$$

と変形できるので，公式 $S^2 - T^2 = (S+T)(S-T)$ を使って因数分解できる．ところが，左辺が完全平方になるのは判別式 $q^2 - 4(2k-p)(k^2-r)$ が 0 になるとき，すなわち

$$8k^3 - 4pk^2 - 8rk + (4pr - q^2) = 0$$

が成り立つときなので，この 3 次方程式を満たすように k の値を選べば良い．3 次方程式は解の公式を使って解けるので，それによって k の値を定めれば，4 次方程式が 2 次方程式の積に因数分解でき，したがって解くことができる．この解法を，フェラーリの方法という．

例題 1.10

$x^4 + 4x - 1 = 0$ を解け．

最初から x^3 の係数が 0 なので，カルダノ変換は必要ない．$x^4 + 2kx^2 + k^2 = 2kx^2 - 4x + k^2 + 1$ の右辺が完全平方になるには，$4^2 - 4(2k(k^2+1)) = 0$．よって $k^3 + k - 2 = 0$．これは頑張って解かなくても，$k = 1$ が解になっていることがわかるので，$k = 1$ とおくと

$$(x^2 + 1)^2 = 2x^2 - 4x + 2 = \left(\sqrt{2}(x-1)\right)^2$$

となり，

$$(x^2 + 1 + \sqrt{2}x - \sqrt{2})(x^2 + 1 - \sqrt{2}x + \sqrt{2}) = 0$$

と因数分解できた．それぞれの2次方程式を解いて

$$x = \frac{-\sqrt{2} \pm \sqrt{-2 + 4\sqrt{2}}}{2}$$

$$x = \frac{\sqrt{2} \pm \sqrt{-2 - 4\sqrt{2}}}{2}$$

と解が求まった．

練習問題 1.11

4 次方程式　$x^4 + x^2 - 6x + 1 = 0$　を解け．

1.4　対称式の視点から見た 3 次方程式，4 次方程式

前節で見た 3 次方程式・4 次方程式の解法を，対称性の視点から解釈してみよう．3 次方程式 $x^3 + ax^2 + bx + c = 0$ の 3 つの解を α, β, γ とおこう．つまり

$$x^3 + ax^2 + bx + c$$
$$= (x-\alpha)(x-\beta)(x-\gamma)$$
$$= x^3 - (\alpha+\beta+\gamma)x^2 + (\alpha\beta+\beta\gamma+\gamma\alpha)x - \alpha\beta\gamma$$

なので，3次方程式の解と係数の関係

$$\begin{cases} a = -\alpha - \beta - \gamma \\ b = \alpha\beta + \beta\gamma + \gamma\alpha \\ c = -\alpha\beta\gamma \end{cases}$$

が得られる．

　解の公式とは α, β, γ を a, b, c の式であらわしたものだ．a, b, c は α, β, γ の「対称な」式なので，それらを四則演算で組み合わせただけでは対称な式しか得られない．そこで，平方根や3乗根を用いて，その対称性を崩してやる必要がある．だが，3変数の場合，対称性をどうやって崩すか，という話の前に，そもそも対称性とは何か，対称式とは何か，ということから考え始める必要がある．

　例えば次の式は α, β, γ の対称な式だろうか，それとも対称ではないだろうか？

$$\alpha^2\beta + \beta^2\gamma + \gamma^2\alpha$$

多項式が α と β の2変数に関して対称式であるとは，α と β を入れ替えても式が変わらないことであった（定義 1.3）．この α, β, γ という3変数の多項式の α, β, γ を入れ替えて，式が変わらないかどうかを調べてみよう．α, β, γ の「入れ替え方」は，集合 $\{\alpha, \beta, \gamma\}$ から自分自身への全単射と一対一に対応することに注意する．

定義 1.12

集合 X に対し，X から自分自身への全単射全体を X の自己同型群と呼び，$\mathfrak{S}_X$ であらわす．$\mathfrak{S}_X$ は写像の合成を演算とした群と見なす．

X が有限集合なら，X の元は巡回置換表記であらわすのが便利である．例えば $X = \{\alpha, \beta, \gamma\}$ のとき，$\mathfrak{S}_X$ の元 $\sigma = (\alpha, \beta, \gamma)$ は $\sigma(\alpha) = \beta, \sigma(\beta) = \gamma, \sigma(\gamma) = \alpha$ となる写像である．$\tau = (\alpha, \beta)$ は $\tau(\alpha) = \beta, \tau(\beta) = \alpha, \tau(\gamma) = \gamma$ となる写像である．

この巡回置換表記で $\mathfrak{S}_{\{\alpha,\beta,\gamma\}}$ の元を列挙すると

$$\mathfrak{S}_{\{\alpha,\beta,\gamma\}} = \{(1), (\alpha, \beta), (\beta, \gamma), (\gamma, \alpha), (\alpha, \beta, \gamma), (\alpha, \gamma, \beta)\}$$

となる．ここで $(1) \in \mathfrak{S}_X$ は恒等写像（よって群の単位元）であり，(1) のことを e とも書くことにする．

さて，これで「3 つの変数の入れ替え」をきちんと述べることができる．

定義 1.13

$F(\alpha, \beta, \gamma)$ は 3 変数 α, β, γ の多項式とし，$\sigma \in \mathfrak{S}_{\{\alpha,\beta,\gamma\}}$ はこの 3 変数の入れ替えであるとする．このとき，F の変数を σ によって入れ替えてできる式 $\sigma(F)$ を

$$\sigma(F) := F(\sigma(\alpha), \sigma(\beta), \sigma(\gamma))$$

と定義する．

$F(\alpha, \beta, \gamma)$ が 3 変数 α, β, γ の対称式であるとは，全ての $\sigma \in \mathfrak{S}_{\{\alpha,\beta,\gamma\}}$ に対して $\sigma(F) = F$ となることである．

この定義によれば，解と係数の関係にあらわれた $a = -\alpha - \beta - $

γ, $b = \alpha\beta+\beta\gamma+\gamma\alpha$, $c = -\alpha\beta\gamma$ が全て α, β, γ の対称式になっていることがわかる．直接 α, β, γ を入れ替えても対称性をチェックできるが，これらは $(x-\alpha)(x-\beta)(x-\gamma)$ を展開したときの $x^2, x, 1$ の係数だったので，α, β, γ をどう入れ替えても $(x-\alpha)(x-\beta)(x-\gamma)$ のかけ算の順番を取り替えるだけの効果しかないので，係数は不変である，ということから計算なしに対称性を見抜くこともできる．

対称式の定義に従って，$F(\alpha, \beta, \gamma) = \alpha^2\beta + \beta^2\gamma + \gamma^2\alpha$ が対称式であるかどうかを調べてみよう．$\sigma = (\alpha, \beta, \gamma)$ や $\sigma^2 = (\alpha, \gamma, \beta)$ に対してはたしかに

$$\sigma(\alpha^2\beta + \beta^2\gamma + \gamma^2\alpha) = \beta^2\gamma + \gamma^2\alpha + \alpha^2\beta$$
$$\sigma^2(\alpha^2\beta + \beta^2\gamma + \gamma^2\alpha) = \gamma^2\alpha + \alpha^2\beta + \beta^2\gamma$$

と足し算の順序が変わるだけなので $\sigma(F) = \sigma^2(F) = F$ となることがわかる．一方，$\tau = (\alpha, \beta), \tau\sigma = (\beta, \gamma), \tau\sigma^2 = (\gamma, \alpha)$ に対しては

$$\tau(\alpha^2\beta + \beta^2\gamma + \gamma^2\alpha) = \beta^2\alpha + \alpha^2\gamma + \gamma^2\beta$$
$$\tau\sigma(\alpha^2\beta + \beta^2\gamma + \gamma^2\alpha) = \alpha^2\gamma + \gamma^2\beta + \beta^2\alpha$$
$$\tau\sigma^2(\alpha^2\beta + \beta^2\gamma + \gamma^2\alpha) = \gamma^2\beta + \beta^2\alpha + \alpha^2\gamma$$

となり，注意して見るとわかるように，$\tau(F) = \tau\sigma(F) = \tau\sigma^2(F) = \alpha\beta^2 + \beta\gamma^2 + \gamma\alpha^2$ は F とは異なる多項式になっている．$F(\alpha, \beta, \gamma) = \alpha^2\beta + \beta^2\gamma + \gamma^2\alpha$ は対称性が高い式ではあるが，対称式ではなかったわけだ．

$F(\alpha, \beta, \gamma) = \alpha^2\beta+\beta^2\gamma+\gamma^2\alpha$ という式と，$G(\alpha, \beta, \gamma) = \alpha+\beta^2+2\gamma$ のような式とを比べると，F の方が G よりも「対称性」が高いように見える．F の対称性の高さは，上で見た通り，全部ではないがいくつかの変数の入れ替えに関して F が不変であったことにあらわれている．そこで，多項式 F の対称性を測るものさしとして，次のような定義をしよう．

定義 1.14

$F = F(\alpha, \beta, \gamma)$ を α, β, γ という 3 変数であらわされた式とするとき，F の不変部分群 H_F を

$$H_F := \{\sigma \in \mathfrak{S}_{\{\alpha,\beta,\gamma\}} | \sigma(F) = F\}$$

と定義する．

命題 1.15

不変部分群 H_F は（その名前の通り）$\mathfrak{S}_{\{\alpha,\beta,\gamma\}}$ の部分群である．

[証明] $\sigma, \tau \in H_F$ なら $(\sigma\tau)(F) =^{1)} \sigma(\tau(F)) = \sigma(F) = F$ なので，$\sigma\tau \in H_F$ である．また $\sigma \in H_F$ なら $\sigma(F) = F$ であるが，両辺に σ^{-1} を作用させて $F = \sigma^{-1}(F)$ を得るので $\sigma^{-1} \in H_F$ である．以上より，H_F は $\mathfrak{S}_{\{\alpha,\beta,\gamma\}}$ の部分群である． □

この不変部分群という概念により，それぞれの多項式の対称性がその不変部分群の大きさによって測れる，ということになる．不変部分群が $\mathfrak{S}_X$ 全体になるような多項式は対称式であり，一方，$G(\alpha, \beta, \gamma) = \alpha + \beta^2 + 2\gamma$ のように係数や次数がばらばらの式だと，不変部分群は $H_G = \{e\}$，つまり G には全く対称性がないことになる．

さて，2 変数の場合に，四則演算によっては対称性が崩せないので，対称性を崩すために平方根が必要だったわけだが，同様のことが 3 変数でも起こる．不変部分群という道具で対称性を精密に測ることができるようになったので，次のような精密な定式化ができる．

---

1) この等号は自然だが，本当は説明が必要である．命題 6.6(2) で証明しているので，慣れてきたら御参照いただきたい．

定理 1.16

$H \subset \mathfrak{S}_{\{\alpha,\beta,\gamma\}}$ は部分群であるとし，$F = F(\alpha, \beta, \gamma), G = G(\alpha, \beta, \gamma)$ は，それぞれの不変部分群が H を含むような多項式であるとする．すると F と G を四則演算で組み合わせた $F \diamond G$ の不変部分群も H も含む．ここで $\diamond$ は $+, -, \times, \div$ のどれかであり，$\diamond = \div$ のときは $G \neq 0$ とする．

[証明] $\sigma \in H$ とすると

$$(\sigma(F \diamond G))(\alpha, \beta, \gamma)$$
$$= (F \diamond G)(\sigma(\alpha), \sigma(\beta), \sigma(\gamma)) \quad (\text{変数の入れ替えの定義})$$
$$= F(\sigma(\alpha), \sigma(\beta), \sigma(\gamma)) \diamond G(\sigma(\alpha), \sigma(\beta), \sigma(\gamma))$$
$$\quad\quad\quad\quad\quad\quad\quad\quad\quad\quad (\text{多項式の四則の定義})$$
$$= F(\alpha, \beta, \gamma) \diamond G(\alpha, \beta, \gamma) \quad (F, G \text{ の不変部分群は } \sigma \text{ を含む})$$
$$= (F \diamond G)(\alpha, \beta, \gamma) \quad (\text{多項式の四則の定義})$$

よって $F \diamond G$ の不変部分群は H を含む． □

つまり，不変部分群が H を含むような式どうしをいくら四則演算で組み合わせても，それ以上不変部分群を小さくすることはできないのだ．特に対称式どうしを四則演算で組み合わせても対称式のままだし，平方根などを使って不変部分群がより小さい部分群 H となるような式を作ったとしても，そのあと四則演算だけを使っていては，どうしても H より不変部分群を小さくできないのである．ベキ根を使ってどんどん式の対称性を下げていかないと，方程式の解の公式を作ることは決してできない．

さて，3次方程式の解の公式において，ベキ根がどのように対称性を下げているかを具体的に見てみよう．

1.4　対称式の視点から見た 3 次方程式，4 次方程式

まず比較的対称性が高い式 $F(\alpha,\beta,\gamma) = \alpha^2\beta + \beta^2\gamma + \gamma^2\alpha$ をとりあげる．この式は対称式ではないが，e, σ, σ^2 による入れ替えでは不変で，$\tau, \tau\sigma, \tau\sigma^2$ による入れ替えでは $\tau(F) = \alpha\beta^2 + \beta\gamma^2 + \gamma\alpha^2$ という式に変わるのであった．そこで

$$F - \tau(F) = \alpha^2\beta + \beta^2\gamma + \gamma^2\alpha - \alpha\beta^2 - \beta\gamma^2 - \gamma\alpha^2$$

という多項式を考える．この式も対称ではないが，e, σ, σ^2 では不変で，$\tau, \tau\sigma, \tau\sigma^2$ による入れ替えでは -1 倍になる．よってこの式の 2 乗，$(F - \tau(F))^2$ は対称式になる．α, β, γ が 3 次方程式 $x^3 + ax^2 + bx + c = 0$ の解であったとすると，解と係数の関係より $a = -\alpha - \beta - \gamma$，$b = \alpha\beta + \beta\gamma + \gamma\alpha$，$c = -\alpha\beta\gamma$ が成り立つが，$(F - \tau(F))^2$ を a, b, c の式であらわすことができる．天下り的に結果だけ述べると，

$$(F - \tau(F))^2 = -27c^2 - 4a^3c + 18abc + a^2b^2 - 4b^3$$

となる．

もしカルダノ変換をして $a = 0, b = p, c = q$ としてあれば，$(F - \tau(F))^2 = -27q^2 - 4p^3$ となる．これは解の公式の中に出てくる $\left(\dfrac{q}{2}\right)^2 + \left(\dfrac{p}{3}\right)^3$ のちょうど -108 倍だ．F の対称性は比較的高いため，$F - \tau(F)$ そのものは対称式ではなくとも，2 乗すると対称式になる．そこでその 2 乗を a, b, c であらわして平方根を取ることで，対称性を崩せるのである．ちなみに

$$F - \tau(F) = (\alpha - \beta)(\beta - \gamma)(\alpha - \gamma)$$

と因数分解でき，この因数分解からも，$F - \tau(F)$ は対称式でないがその 2 乗が対称式であることがわかる．

このように，

$$\left(\frac{q}{2}\right)^2 + \left(\frac{p}{3}\right)^3 = \frac{-1}{108}(F - \tau(F))^2$$
$$= \frac{1}{108}((\alpha - \beta)(\beta - \gamma)(\gamma - \alpha))^2$$

の平方根を取ることで，対称性を $\mathfrak{S}_{\{\alpha,\beta,\gamma\}}$ 全体から $H = \{(1), (\alpha,\beta,\gamma), (\alpha,\gamma,\beta)\}$ にまで落とすことができた．

まだ $H = \{e\}$ ではないので，さらに対称性を下げる必要がある．

次は 3 乗根を使って対称性を下げる方法を考えよう．$\omega = \dfrac{-1 + \sqrt{-3}}{2}$ を 1 の原始 3 乗根とする．つまり ω は $\omega \neq 1$ だが，$\omega^3 = 1$ となるような数である．この ω を使って

$$f(\alpha, \beta, \gamma) = \alpha + \omega\beta + \omega^2\gamma$$

という式を考えよう．α, β, γ の係数が全て互いに異なるので，f の不変部分群は $\{e\}$ である．つまり f は全く対称性を持たない．対称ではないが，$\sigma(f)$ を実際に計算してみると

$$\sigma(f)(\alpha, \beta, \gamma) = f(\beta, \gamma, \alpha)$$
$$= \beta + \omega\gamma + \omega^2\alpha$$
$$= \omega^2 f(\alpha, \beta, \gamma)$$

となる．つまり $\sigma(f)$ は f の ω^2 倍になるわけだ．$\sigma(f)$ が f の ω^2 倍になるので，$\sigma(f^3)$ は f^3 の $\omega^6 = 1$ 倍，つまり $\sigma(f^3) = f^3$ となる．

このように，$f = \alpha + \omega\beta + \omega^2\gamma$ は 3 乗すると対称性が増すような式なのである．実際，f^3 の不変部分群を計算してみると $H = \{e, \sigma, \sigma^2\}$ となっている．$F = \alpha^2\beta + \beta^2\gamma + \gamma^2\alpha$ の不変部分群も同じ H だったので，F と a, b, c を使って四則演算で組み合わせることで f^3 をあらわせるかもしれない．

f^3 を計算してみると

$$f^3 = \alpha^3 + \beta^3 + \gamma^3 + 6\alpha\beta\gamma - \frac{3}{2}(-F - \tau(F)) + \frac{3\sqrt{-3}}{2}(F - \tau(F))$$
$$= -a^3 + 3ab - \frac{27}{2}c + \frac{3}{2}ab + \frac{3\sqrt{-3}}{2}(F - \tau(F))$$

特にカルダノ変換で $a = 0,\ b = p,\ c = q$ と変形してあれば,

$$f^3 = -\frac{27}{2}q + \frac{3\sqrt{-3}}{2}\sqrt{-27q^2 - 4p^3}$$
$$= -\frac{27}{2}q + \sqrt{\frac{3^6}{4}q^2 + 3^3 p^3}$$

となる. 同様に, $g(\alpha, \beta, \gamma) = \alpha + \omega^2 \beta + \omega\gamma$ とおくと

$$g^3 = -\frac{27}{2}q - \sqrt{\frac{3^6}{4}q^2 + 3^3 p^3}$$

となる. よって f, g は p, q と平方根・3 乗根を使ってあらわされるわけだが,

$$f + g + (\alpha + \beta + \gamma) = 3\alpha + (\omega + \omega^2 + 1)\beta + (\omega^2 + \omega + 1)\gamma$$
$$= 3\alpha$$

となるので,

$$\alpha = \frac{f + g + (\alpha + \beta + \gamma)}{3} = \frac{f + g}{3}$$

と解の公式が得られることになる. すなわち

$$\alpha = \frac{1}{3}\left(\sqrt[3]{-\frac{27}{2}q + \sqrt{\frac{3^6}{4}q^2 + 3^3 p^3}} + \sqrt[3]{-\frac{27}{2}q + \sqrt{\frac{3^6}{4}q^2 + 3^3 p^3}}\right)$$
$$= \sqrt[3]{-\frac{q}{2} + \sqrt{\left(\frac{q}{2}\right)^2 + \left(\frac{p}{3}\right)^3}} + \sqrt[3]{-\frac{q}{2} - \sqrt{\left(\frac{q}{2}\right)^2 + \left(\frac{p}{3}\right)^3}}$$

と解の公式が復元できた.

フェラーリによる 4 次方程式の解法も同じように解析すること

ができる．詳細は例 6.15 をご覧いただきたい．フェラーリの方法では，途中定数 k というのが出てくるが，これは実は $-\dfrac{\alpha\beta+\gamma\delta}{2}$, $-\dfrac{\alpha\gamma+\beta\delta}{2}$, $-\dfrac{\alpha\delta+\beta\gamma}{2}$ のうちのどれかになっている，ということだけ指摘しておこう．

-2 倍して，例えば $\alpha\beta+\gamma\delta$ を見てみると，この式の対称性は

$$\{(1),(\alpha,\beta),(\gamma,\delta),(\alpha\beta)(\gamma\delta),(\alpha\gamma\beta\delta),(\alpha\delta\beta\gamma),(\alpha\gamma)(\beta\delta),(\alpha\delta)(\beta\gamma)\}$$

という 8 つの元からなる部分群となり，よって群の作用によって取りうる式がたったの $\dfrac{4!}{8}=3$ 種類しかないのである．

第2章

体

　有理数と $\sqrt{2}$ を材料に使って加減乗除を用いて自由に組み合わせると,どんな数を作ることができるだろうか？ a と b が有理数ならば,$a+b\sqrt{2}$ という形の数が作れることはすぐにわかる.では他にはどんな数を作れるだろう？ 定理 2.4 によれば,これ以外の数は作れないのである.加減乗除をどう使っても,この外に出られない,閉じ込められている,という意味で,$\{a+b\sqrt{2}\,|\,a,b\in\mathbb{Q}\}$ という集合は加減乗除について閉じた体系である,と言う.このように複素数体 $\mathbb{C}$ の部分集合で加減乗除について閉じた体系を,「体」とよぶ.この章では,有理数と代数的な数とを材料に使って作ることができる体がどんな構造をしているかを詳しく調べることにしよう.体は,群と並んでガロア理論の主役を演じることになる.

クロネッカー(Leopold Kronecker, 1823–1891)

2.1 $\mathbb{Q}(\sqrt{2})$

　この章の目標は，「体」とはどんなものか，どうやって作るのか，を説明することである[1]．体の定義をする前に，まず具体例から見てもらうのが早いだろう．次の例題に挑戦してみよう．

例題 2.1
　有理数 $\mathbb{Q}$ と $\sqrt{2}$ を材料に，四則演算で自由に組み合わせると，どんな数を作ることができるか？

　割り算は後回しにして，まずは足し算引き算かけ算だけを使って作ることができる数を調べてみよう．
　有理数と $\sqrt{2}$ をかけ算することができるので，$2\sqrt{2}$ や $\frac{2}{3}\sqrt{2}$ のような数を作ることができる．それにさらに有理数を足し算引き算することができるので，$2\sqrt{2} + \frac{1}{2}$ や $\frac{2}{3}\sqrt{2} - 1$ のような数も作ることができる．つまり，一般に a, b を有理数として $a + b\sqrt{2}$ という形の数は全て作ることができる．さて，これに有理数や $\sqrt{2}$ を足し算引き算かけ算して色々計算してみても，やはり $a + b\sqrt{2}$ の形になる．つまり $\sqrt{2}$ を有理数倍して，それに有理数を加えた，そんな数しか作れないようだ．実は次の補題が成り立つことが証明できる．

補題 2.2
　有理数 $\mathbb{Q}$ と $\sqrt{2}$ を材料に，足し算引き算かけ算を使って組み合わせて作ることができる数全体の集合は

---

[1] 可換環論を使わずに議論しているので，可換環論をご存知の読者にはまどろっこしいかもしれない．まず注意 2.31 をご一読いただいて，その内容がすっと理解できるようであれば，その続きから読み進めていただいても大丈夫である．

$$\{a+b\sqrt{2} \mid a,b \in \mathbb{Q}\}$$

である．しかも，この表記 $a+b\sqrt{2}$ は一意である．すなわち，$a,b,c,d \in \mathbb{Q}$ で $a+b\sqrt{2}=c+d\sqrt{2}$ ならば $a=c, b=d$ が成り立つ．

[証明] $a+b\sqrt{2}$ を作れることはすでに確かめたので，このあといくら頑張って足し算引き算かけ算を行ってもこれ以外の数を作ることができないことを確かめれば良い．

実際，$a+b\sqrt{2}$ と $c+d\sqrt{2}$ を足し算引き算かけ算すると

$$(a+b\sqrt{2}) + (c+d\sqrt{2}) = (a+c) + (b+d)\sqrt{2}$$
$$(a+b\sqrt{2}) - (c+d\sqrt{2}) = (a-c) + (b-d)\sqrt{2}$$
$$(a+b\sqrt{2}) \times (c+d\sqrt{2}) = (ac+2bd) + (ad+bc)\sqrt{2}$$

となるので，全て $\{a+b\sqrt{2} \mid a,b \in \mathbb{Q}\}$ の元となり，これ以外の形の数を作ることはできない．よって，$\mathbb{Q}$ と $\sqrt{2}$ を材料に足し算引き算かけ算を使って組み合わせて作ることができる数は有理数 a,b を使って $a+b\sqrt{2}$ とあらわされる数に限られることが確かめられた．

表記の一意性を示す．$a,b,c,d \in \mathbb{Q}$ で $a+b\sqrt{2}=c+d\sqrt{2}$，つまり $a-c=(d-b)\sqrt{2}$ としよう．もし $d \neq b$ ならば $\sqrt{2} = \dfrac{a-c}{d-b}$ となるが，これは $\sqrt{2}$ が無理数であることと矛盾するので，$d=b$ である．すると $a-c=(d-b)\sqrt{2}=0$ となり，$a=c$ もわかる． □

では，割り算を使えばどんな数を新たに作ることができるだろうか？ これに対しては，分母の有理化というテクニックが役に立つ．次の補題（分母の有理化）は中学高校で習ったことがあるはずだが，思い出しておこう．

補題 2.3　分母の有理化

$c + d\sqrt{2} \neq 0$ ならば，その逆数 $\dfrac{1}{c+d\sqrt{2}}$ は

$$\{a + b\sqrt{2} \mid a, b \in \mathbb{Q}\}$$

の中に入る．

[証明]

$$\begin{aligned}
\frac{1}{c+d\sqrt{2}} &= \frac{(c-d\sqrt{2})}{(c+d\sqrt{2})(c-d\sqrt{2})} \\
&= \frac{c-d\sqrt{2}}{c^2 - 2d^2} \\
&= \frac{c}{c^2 - 2d^2} + \frac{-d}{c^2 - 2d^2}\sqrt{2}
\end{aligned}$$

となるので，$c + d\sqrt{2}$ の逆数はやはり $\sqrt{2}$ の有理数倍に有理数を加えた数としてあらわされる．

　分母 $c^2 - 2d^2$ が 0 にならないことを確かめておく．仮定より $c + d\sqrt{2} \neq 0$ なので，c と d のうち少なくとも一方は 0 でない．よって補題 2.2 の後半により $c - d\sqrt{2} \neq 0$ であり，$c^2 - 2d^2 = (c + d\sqrt{2})(c - d\sqrt{2}) \neq 0$ である． □

　$c + d\sqrt{2}$ で割る，ということはその逆数 $\dfrac{c}{c^2 - 2d^2} + \dfrac{-d}{c^2 - 2d^2}\sqrt{2}$ をかける，ということなので，割り算を使っても $\{a + b\sqrt{2} \mid a, b \in \mathbb{Q}\}$ という形の数しか作ることができない．以上より，例題 2.1 の解答として次の定理が証明できた．

定理 2.4

　有理数 $\mathbb{Q}$ と $\sqrt{2}$ を材料に，四則演算を自由に組み合わせて作ることができる数全体の集合は

$$\{a+b\sqrt{2} \mid a,b \in \mathbb{Q}\}$$

である．この集合 $\{a+b\sqrt{2} \mid a,b \in \mathbb{Q}\}$ は四則演算について閉じている．すなわち，$\{a+b\sqrt{2} \mid a,b \in \mathbb{Q}\}$ に含まれる数どうしを足し算引き算かけ算割り算しても（ただし割り算の場合は 0 での割り算は行わないことにする），やはり $\{a+b\sqrt{2} \mid a,b \in \mathbb{Q}\}$ の中の数になる．

この定理を踏まえて，次のように定義しよう．

定義 2.5

複素数 $\mathbb{C}$ の部分集合 K が体であるとは，K が 1 を含み，さらに四則演算について閉じていることである．すなわち，$a,b \in K$ であれば，$a+b$, $a-b$, $a \times b$ が全て K の元となり，さらに $b \neq 0$ ならば $a \div b$ も K の元になることである．

定理 2.4 からわかる通り，$\{a+b\sqrt{2} \mid a,b \in \mathbb{Q}\}$ は体である．また有理数の集合 $\mathbb{Q}$ も四則演算について閉じているので，体である．実際，1 を材料に足し算引き算割り算によって全ての有理数を作ることができるので，$\mathbb{Q}$ は $\mathbb{C}$ の中の最小の体である．実数全体 $\mathbb{R}$ や複素数全体 $\mathbb{C}$ も体である．

注意 2.6

体の正確な定義は，加法と乗法という 2 つの演算を持つ代数系で，その両方の演算に関して結合則，交換則，分配則を満たし，さらに加法乗法の単位元と逆元が存在する（ただし「加法の単位元 0」の乗法に関する逆元の存在を除く），という条件を満たすものである．複素数の部分集合に対しては，この全

ての条件が上の定義と同値になる．

あとで複素数に含まれないような体についても扱うが，要するに「0での割り算を除いて自然な四則演算ができる体系」だと思ってもらえれば，本書を読む上では差し支えない．

定義 2.7

$K \subset \mathbb{C}$ が体，$\alpha \in \mathbb{C}$ とするとき，K の元と α を材料に，足し算引き算かけ算を自由に組み合わせて作ることができる数全体の集合を $K[\alpha]$ と書く．また，K の元と α を材料に，四則演算を自由に組み合わせて作ることができる数全体の集合を $K(\alpha)$ と書く．

補題 2.2 により

$$\mathbb{Q}[\sqrt{2}] = \{a + b\sqrt{2} \mid a, b \in \mathbb{Q}\}$$

であり，定理 2.4 により

$$\mathbb{Q}(\sqrt{2}) = \mathbb{Q}[\sqrt{2}] = \{a + b\sqrt{2} \mid a, b \in \mathbb{Q}\}$$

である．定義より明らかに $K(\alpha)$ は K と α を含む最小の体である．また，$K[\alpha]$ は体になるかどうかはわからないが，少なくとも足し算引き算かけ算については閉じている．K を係数とする x 変数の多項式を $K[x]$ と書くが，定義 2.7 における記号 $K[\alpha]$ は多項式 $K[x]$ の x に $x = \alpha$ を代入したように見える．この記号は，次の意味でつじつまがあっている．

命題 2.8

$K \subset \mathbb{C}$ が体，$\alpha \in \mathbb{C}$ は複素数とすると，$K[\alpha]$ は K 係数の多項式 $f(x)$ に $x = \alpha$ を代入することであらわされる数全体の

集合と一致する．すなわち

$$K[\alpha] = \{f(\alpha)|f[x] \in K[x]\}$$

が成り立つ．

[証明] K 係数の多項式 $f(x)$ は，次数を n とすると，

$$f(x) = c_0 + c_1 x + \cdots + c_n x^n$$

とあらわすことができる．ただし $c_0, c_1, \ldots, c_n$ は K の元である．

この $f(x)$ に $x = \alpha$ を代入すると

$$f(\alpha) = c_0 + c_1 \alpha + \cdots + c_n \alpha^n$$

となり，$f(\alpha)$ は K の元と α を材料に足し算とかけ算を使ってあらわされているので，確かに $K[\alpha]$ の元である．つまり，

$$\{f(\alpha)|f[x] \in K[x]\} \subset K[\alpha]$$

が示された．

一方，$f(x)$ が 0 次式なら $f(\alpha) = c_0$ として全ての K の元があらわれ，また $f(x) = x$ なら $f(\alpha) = \alpha$ なので $\{f(\alpha)|f[x] \in K[x]\}$ という集合は K と α を含んでいる．すなわち，K と α は $K[\alpha]$ に含まれている．あとは，$\{f(\alpha)|f[x] \in K[x]\}$ の元 $f(\alpha)$ と $g(\alpha)$ を足したり引いたりかけたりしてもやはり $\{f(\alpha)|f[x] \in K[x]\}$ に入ることを示せば逆の包含関係 $K[\alpha] \subset \{f(\alpha)|f[x] \in K[x]\}$ が従うので，命題が証明されたことになる．

ところが多項式どうしの足し算引き算かけ算をしてから $x = \alpha$ を代入した値は，先に $x = \alpha$ を代入してから足し算引き算かけ算をした値と同じである．すなわち

$$f(\alpha) + g(\alpha) = (f+g)(\alpha)$$
$$f(\alpha) - g(\alpha) = (f-g)(\alpha)$$
$$f(\alpha) \times g(\alpha) = (f \times g)(\alpha)$$

となるので，$\{f(\alpha)|f[x] \in K[x]\}$ は足し算引き算かけ算について閉じていることが確かめられた． □

では次に $\mathbb{Q}[\sqrt[3]{2}]$ や $\mathbb{Q}(\sqrt[3]{2})$ を考えよう．$\sqrt{2}$ の場合のマネがどこまでできるか調べて，ここで発生する新しい課題をリストアップする．

命題 2.9

$$\mathbb{Q}[\sqrt[3]{2}] = \{a + b\sqrt[3]{2} + c\sqrt[3]{4} \mid a, b, c \in \mathbb{Q}\}$$

が成り立つ．

[証明] $\sqrt{2}$ の場合と違って $\sqrt[3]{2} \times \sqrt[3]{2} = \sqrt[3]{4}$ と，かけ算によって新しい数が出てくるので，見落とさないようにしたい．

$$a + b\sqrt[3]{2} + c\sqrt[3]{4} = a + b \times \sqrt[3]{2} + c \times \sqrt[3]{2} \times \sqrt[3]{2}$$

というように足し算とかけ算の組み合わせであらわされるので，$a, b, c \in \mathbb{Q}$ ならば $a + b\sqrt[3]{2} + c\sqrt[3]{4}$ は確かに $\mathbb{Q}[\sqrt[3]{2}]$ の元である（あるいは命題 2.8 を使って，$f(x) = a + bx + cx^2$ に $x = \sqrt[3]{2}$ を代入した $f(\sqrt[3]{2}) = a + b\sqrt[3]{2} + c\sqrt[3]{4}$ は $\mathbb{Q}[\sqrt[3]{2}]$ の元であることがわかる）．

逆に $\mathbb{Q}[\sqrt[3]{2}]$ の元が全て $a + b\sqrt[3]{2} + c\sqrt[3]{4}$ という形であらわされることを示すには，この形の数全体の集合が，足し算引き算かけ算について閉じていることを示せば良い．つまり $a + b\sqrt[3]{2} + c\sqrt[3]{4}$ と $d + e\sqrt[3]{2} + f\sqrt[3]{4}$ に対して

$(a + b\sqrt[3]{2} + c\sqrt[3]{4}) + (d + e\sqrt[3]{2} + f\sqrt[3]{4})$
$\quad = (a + d) + (b + e)\sqrt[3]{2} + (c + f)\sqrt[3]{4}$
$(a + b\sqrt[3]{2} + c\sqrt[3]{4}) - (d + e\sqrt[3]{2} + f\sqrt[3]{4})$
$\quad = (a - d) + (b - e)\sqrt[3]{2} + (c - f)\sqrt[3]{4}$
$(a + b\sqrt[3]{2} + c\sqrt[3]{4}) \times (d + e\sqrt[3]{2} + f\sqrt[3]{4})$
$\quad = (ad + 2bf + 2ce) + (ae + bd + 2cf)\sqrt[3]{2} + (af + be + cd)\sqrt[3]{4}$

となるので，$\mathbb{Q}[\sqrt[3]{2}] = \{a + b\sqrt[3]{2} + c\sqrt[3]{4} \mid a, b, c \in \mathbb{Q}\}$ が証明された．
□

補題 2.2 の前半は「$\mathbb{Q}[\sqrt{2}] = \{a + b\sqrt{2} \mid a, b \in \mathbb{Q}\}$」と言い換えられるので，命題 2.9 は補題 2.2 の前半の自然な一般化であるが，後半はどうだろう？

疑問 2.10

$\mathbb{Q}[\sqrt[3]{2}]$ の元を $a + b\sqrt[3]{2} + c\sqrt[3]{4}$ とあらわしたとき，その表記方法は一意か？ つまり $a, b, c, d, e, f \in \mathbb{Q}$ で $a + b\sqrt[3]{2} + c\sqrt[3]{4} = d + e\sqrt[3]{2} + f\sqrt[3]{4}$ ならば $a = d, b = e, c = f$ が成り立つか？

$\sqrt{2}$ の場合は $\sqrt{2}$ の無理数性からこの表記の一意性を示すことができたが，$\sqrt[3]{2}$ が無理数である，ということだけからは，この表記の一意性を簡単に示すことはできそうにない．この部分については，新しいテクニックが必要なのである．

疑問 2.11

$a, b, c \in \mathbb{Q}$ のとき，$a + b\sqrt[3]{2} + c\sqrt[3]{4}$ の逆数を $d + e\sqrt[3]{2} + f\sqrt[3]{2}$（ただし $d, e, f \in \mathbb{Q}$）の形にあらわすことはできるか？

a, b, c が特殊な形ならば，うまく逆数を見つけることができる．例えば因数分解 $(x-1)(x^2+x+1) = x^3-1$ に $x = \sqrt[3]{2}$ を代入すると $(\sqrt[3]{2}-1)(\sqrt[3]{4}+\sqrt[3]{2}+1) = 1$ となり，$\dfrac{1}{\sqrt[3]{2}-1} = \sqrt[3]{4}+\sqrt[3]{2}+1$ となることがわかる．

$\mathbb{Q}[\sqrt{2}]$ が逆数について閉じていたように，$\mathbb{Q}[\sqrt[3]{2}]$ も割り算について閉じていそうではないか．

2.2 既約多項式

$\sqrt{2}$ は 2 次方程式 $x^2 - 2 = 0$ の解であり，$\sqrt[3]{2}$ は 3 次方程式 $x^3 - 2 = 0$ の解である．これらの多項式が，$\mathbb{Q}(\sqrt{2})$ や $\mathbb{Q}(\sqrt[3]{2})$ を研究する際の重要な道具になる．まず，こういう道具が使える数に名前をつけておこう．

定義 2.12

$K \subset \mathbb{C}$ は体とし，$\alpha \in \mathbb{C}$ を複素数であるとするとき，α が K 上代数的であるとは，0 でない多項式 $f(x) \in K[x]$ が存在して $f(\alpha) = 0$ となることである．

特に有理数体 $\mathbb{Q}$ 上代数的な数のことを単に代数的な数と呼ぶ．（K 上）代数的な数のことを単に（K 上の）代数的数とよぶこともある．

$\sqrt{2}$ や $\sqrt[3]{2}$ などは $\mathbb{Q}$ 上代数的な数である．1846 年に，リウヴィユが史上初めて代数的でない数を人工的な方法で構成し，代数的でない数（そのような数は超越数と呼ばれる）が存在することを示した．その後エルミート，リンデマンの定理により，自然対数の底 e

や円周率 π は代数的な数ではないことがわかった．代数的数は可算個であり，複素数全体は非可算なので，ほとんどの複素数は超越数である．本書で具体的に扱う数は，ほとんど代数的数である．

$\sqrt{2}$ を解に持つ有理数係数の多項式としては，$x^2 - 2$ 以外にも $x^4 - 4$ や $(x+1)(x^2-2)$ など無数に存在する．しかしその中で $x^2 - 2$ は有理数係数の多項式として，より低い次数の多項式の積としてあらわされない，つまり $\mathbb{Q}$ 上の既約多項式である，という重要な性質を持つ．既約多項式という概念を定義し，その基本的な性質を調べておこう．

定義 2.13

K は体とする．定数でない多項式 $f(x) \in K[x]$ が K 上の既約多項式であるとは，1 次以上の多項式 $g(x), h(x) \in K[x]$ により $f(x) = g(x)h(x)$ とあらわすことができないことである．

例 2.14

$x^2 - 2$, $x^3 - 2$ は $\mathbb{Q}$ 上の既約多項式である．

実際，上式が $x^2 - 2 = (ax - b)(cx - d)$ と有理数係数で 1 次式の積としてあらわされるならば，有理数 $\dfrac{b}{a}$ と $\dfrac{d}{c}$ が $x^2 = 2$ の解となるが，これは $\pm\sqrt{2}$ が無理数であるという事実に反する．

また，$x^3 - 2$ が既約でなければ 1 次式と 2 次式の積としてあらわされるので $x^3 - 2 = (ax - b)(cx^2 + dx + e)$ となり，$x^3 = 2$ は有理数解 $\dfrac{b}{a}$ を持つはずであるが，$x^3 = 2$ の唯一の実数解 $\sqrt[3]{2}$ は無理数なので，$x^3 - 2 = 0$ は有理数解を持ち得ない．

注意 2.15

多項式が既約かどうかは，係数体 K に依存する．$x^2 - 2$ は

$\mathbb{Q}$ 係数では既約だが，$\mathbb{Q}(\sqrt{2})$ 係数や $\mathbb{R}$ 係数では

$$x^2 - 2 = (x - \sqrt{2})(x + \sqrt{2})$$

と分解するので既約でない．

また，上記の例では「有理数解を持たないから有理数上既約」という議論を使ったが，この論法が通用するのは3次以下の多項式の場合のみである．4次以上の式だと，2次以上の式どうしの積にあらわされる可能性があるので，有理数解を持たなくても既約でない場合がある．例えば $x^4 + x^2 + 1$ は，x に実数を代入すると1以上の値になるので有理数解を持たないが，

$$\begin{aligned}x^4 + x^2 + 1 &= (x^2 + 1)^2 - x^2 \\ &= (x^2 + x + 1)(x^2 - x + 1)\end{aligned}$$

と分解し，既約ではない．

定義 2.16

$K \subset \mathbb{C}$ は体，$\alpha \in \mathbb{C}$ は K 上代数的な数とする．多項式 $f(x) \in K[x]$ が α の K 上の既約多項式であるとは，$f(x)$ が K 上の既約多項式で，$f(\alpha) = 0$ となることである．

K 上代数的数 α の K 上の既約多項式は，次の定理のような意味で定数倍を除いてただひとつ存在する．

定理 2.17

$K \subset \mathbb{C}$ は体，$\alpha \in \mathbb{C}$ は K 上代数的な数とする．このとき，次が成り立つ．

（1）$f(\alpha) = 0$ となるような0でない多項式 $f(x) \in K[x]$ の

うちでもっとも次数が低いものは常に K 上既約になる．特に α の K 上の既約多項式は常に存在する．
(2) α の K 上の既約多項式は定数倍を除いて一意である．つまり，$f_1(x)$ と $f_2(x)$ が α の K 上の既約多項式ならば，$f_1(x)$ は $f_2(x)$ の定数倍である．
(3) $f(x)$ は α の既約多項式とし，K 係数の多項式 $g(x) \in K[x]$ が $g(\alpha) = 0$ を満たすならば，$g(x)$ は $f(x)$ で割り切れる．

[証明] (1)について： $f(x) \in K[x]$ は $f(\alpha) = 0$ となるような 0 でない K 係数の多項式のうち，次数がもっとも低いものとする．もし $f(x)$ が既約でなければ，$f(x) = g(x)h(x)$ というように，より次数が低い多項式 $g(x)$ と $h(x)$ の積としてあらわされる．ここで $x = \alpha$ を代入すると $0 = f(\alpha) = g(\alpha)h(\alpha)$ となるので，$g(\alpha) = 0$ または $h(\alpha) = 0$ が成り立つことになる．これは $f(x)$ の次数の最小性に反する．よってこのような $f(x)$ は α の K 上の既約多項式となる．

以下，この $f(x)$ をひとつ固定して証明を進める．

(1)で固定した $f(x)$ に関して (3) が成り立つことを示す．$g(x) \in K[x]$ は $g(\alpha) = 0$ を満たすとする．$g(x)$ を $f(x)$ で割り算して，商は $q(x)$，余りは $r(x)$ になったとしよう．多項式の割り算は係数の四則演算だけで計算できるので，$q(x), r(x)$ もやはり $K[x]$ の元になることに注意する．$g(x) = f(x)q(x) + r(x)$ となるが，$x = \alpha$ を代入すると

$$0 = g(\alpha) = f(\alpha)q(\alpha) + r(\alpha) = r(\alpha)$$

となる．もし $r(x)$ が 0 多項式でなければ $f(x)$ より次数の低い多項式 $r(x)$ が $r(\alpha) = 0$ を満たすことになり，$f(x)$ の取り方に矛盾

する．よって $r(x)$ は多項式として 0 多項式となり，$g(x)$ は $f(x)$ で割り切れることがわかった．

(2) について：すでに (1) で α の既約多項式 $f(x)$ をひとつ見つけているので，もし他に α の K 上の既約多項式 $g(x)$ があれば，$g(x)$ が $f(x)$ の定数倍であることを示せば良い．α の既約多項式の定義により，$g(\alpha) = 0$ である．次数最小の $f(x)$ に対する (3) により，$g(x) = f(x)q(x)$ と積にあらわされる．もし $q(x)$ が 1 次以上であれば，$g(x)$ はより次数が低い多項式の積であらわされたことになるので，$g(x)$ の既約性に反する．よって $q(x)$ は 0 次式，すなわち定数となり，(2) が示された．

(3) は上記では特別な $f(x)$ に対してのみ示したが，(2) により α のどの既約多項式も $f(x)$ の定数倍なので，やはり $g(x)$ を割り切る． □

これによって疑問 2.10 が解決した．$x^3 - 2$ は $\sqrt[3]{2}$ の $\mathbb{Q}$ 上の既約多項式なので，$\mathbb{Q}$ 係数の 2 次以下の 0 でない多項式 $g(x) \in \mathbb{Q}[x]$ に対しては $g(\sqrt[3]{2}) \neq 0$ となる．つまり，$a, b, c \in \mathbb{Q}$ のうちひとつでも 0 でなければ $g(x) = a + bx + cx^2$ は 0 でない 2 次式であり，$g(\sqrt[3]{2}) = a + b\sqrt[3]{2} + c\sqrt[3]{4} \neq 0$ となるのである．対偶を取れば，「$a + b\sqrt[3]{2} + c\sqrt[3]{4} = 0$ ならば $a = b = c = 0$ である」ことがわかった．特に $a, b, c, d, e, f \in \mathbb{Q}$ に対して $a + b\sqrt[3]{2} + c\sqrt[3]{4} = d + e\sqrt[3]{2} + f\sqrt[3]{4}$ ならば $(a-d) + (b-e)\sqrt[3]{2} + (c-f)\sqrt[3]{4} = 0$ なので $a - d = 0, b - e = 0, c - f = 0$ となることが証明された．

上記の議論は $\sqrt[3]{2}$ のみならず，体 K 上代数的な α に対しても通用する．すなわちより一般に，α の K 上の既約多項式 $f(x) \in K[x]$ がわかれば，$K[\alpha]$ の構造が次の定理のようにはっきりわかる．

定理 2.18

$K \subset \mathbb{C}$ は体,$\alpha \in \mathbb{C}$ は K 上代数的,$f(x) \in K[x]$ は α の K 上の既約多項式とする.$f(x)$ の次数を d とすると,

$$K[\alpha] = \{c_0 + c_1\alpha + c_2\alpha^2 + \cdots + c_{d-1}\alpha^{d-1} | c_0, c_1, \ldots, c_{d-1} \in K\}$$

とあらわされる.しかも $K[\alpha]$ の元を $c_0 + c_1\alpha + c_2\alpha^2 + \cdots + c_{d-1}\alpha^{d-1}$ と書くあらわしかたは一意である.

[**証明**] 命題 2.8 により $K[\alpha]$ の元は多項式 $g(x) \in K[x]$ により $g(\alpha)$ とあらわすことができる.ここで $g(x)$ を $f(x)$ で割り算し,商は $q(x)$,余りは $r(x)$ になったとする.$q(x), r(x) \in K[x]$ であり,$r(x)$ の次数は $d-1$ 次以下である.ここで $g(x) = f(x)q(x) + r(x)$ に $x = \alpha$ を代入すると

$$g(\alpha) = f(\alpha)q(\alpha) + r(\alpha)$$
$$= r(\alpha) \quad (f(\alpha) = 0 \text{ なので})$$

となるので,$r(x) = c_0 + c_1 x + \cdots + c_{d-1}x^{d-1}$ ($c_0, c_1, \ldots, c_{d-1} \in K$) とあらわすと

$$g(\alpha) = r(\alpha) = c_0 + c_1\alpha + c_2\alpha^2 + \cdots + c_{d-1}\alpha^{d-1}$$

となり,$K[\alpha]$ の元は全て K 係数の $d-1$ 次以下の多項式に α を代入した形であらわされることが確かめられた.

定理 2.17 の (1),(2) により,$f(x)$ は $x = \alpha$ を代入すると 0 になる $K[x] \setminus \{0\}$ の多項式のうち次数最小のものである.よって $d-1$ 次以下の 0 でない多項式 $r(x)$ に $x = \alpha$ を代入しても,決して 0 にならない.もし $g_1(x)$ と $g_2(x)$ がともに $d-1$ 次以下の多項式で $g_1(\alpha) = g_2(\alpha)$ ならば,$(g_1 - g_2)(x)$ は $d-1$ 次以下の多項式で $(g_1 - g_2)(\alpha) = 0$ となるので $g_1 = g_2$ となる.つまり $K[\alpha]$ の元

を $c_0 + c_1\alpha + c_2\alpha^2 + \cdots + c_{d-1}\alpha^{d-1}$ と書くあらわしかたはただ一通りである．　　　　　　　　　　　　　　　　　　　　　　　　□

定理 2.18 の結論は，「$K[\alpha]$ は $\{1, \alpha, \alpha^2, \ldots, \alpha^{d-1}\}$ を基底とする K 上の線形空間である．」と表現することもできる．このような線形代数的な解釈は，ガロア理論を有効に展開するための強力な道具である．2.4 節で「K 上の線形空間」の定義をして，その最初の応用をご紹介することになる．

定義 2.19

$K \subset \mathbb{C}$ は体，$\alpha \in \mathbb{C}$ は K 上代数的とし，α の K 上の既約多項式 $f(x)$ の次数は d であるとする．このとき，α は K 上 d 次代数的であると言う．特に $K = \mathbb{Q}$ の場合は K を省略して，単に d 次代数的数であると言う．

例えば $\sqrt{2}$ は 2 次の代数的数，$\sqrt[3]{2}$ は 3 次の代数的数である．$i = \sqrt{-1}$ は $\mathbb{Q}$ 上でも $\mathbb{R}$ 上でも 2 次代数的である．

2.3　ユークリッドの互除法と分母の有理化

ここで，読者は整数の場合のユークリッド互除法については慣れ親しんでいると仮定して，体上の 1 変数多項式に対してのユークリッド互除法について解説することにする．論理的には整数の場合のユークリッド互除法を知らなくても以下のストーリーを追うのに問題はないはずなので，「ユークリッドの互除法」という言葉をここで初めて目にする読者も気にせず読み進めていただいて大丈夫で

はあるが，整数に対してのユークリッド互除法は大変便利であるので，ぜひ他の適当な参考書で調べてみていただきたい．

定義 2.20

$K \subset \mathbb{C}$ は体とし，$f(x), g(x), h(x)$ は $K[x]$ の元，すなわち K を係数とし x を変数とする 1 変数の多項式であるとする．
(1) $f(x)$ が $g(x)$ の約多項式であるとは，$K[x]$ の元 $\varphi(x)$ が存在して，$f(x)\varphi(x) = g(x)$ となることである．このとき，$g(x)$ は $f(x)$ の倍多項式であるとも言う．
(2) $h(x)$ が $f(x)$ と $g(x)$ の公約多項式であるとは，$h(x)$ が $f(x)$ の約多項式であり，同時に $g(x)$ の約多項式でもあることである．
(3) $f(x)$ と $g(x)$ の公約多項式のうち，次数が最大となるものを $f(x)$ と $g(x)$ の最大公約多項式とよぶ．

ユークリッドの互除法は，2 つの多項式 $f(x)$ と $g(x)$ が与えられた時に，その最大公約多項式を計算する便利な計算方法であり，さらに理論的にも様々な応用ができる．本書では「分母の有理化」にユークリッドの互除法を応用することになる．

補題 2.21　ユークリッドの互除法のキーレンマ

$K \subset \mathbb{C}$ は体で，$f(x), g(x) \in K[x]$ とする．$f(x)$ を $g(x)$ で割った商を $q(x)$，余りを $r(x)$ とする．すなわち $f(x) = g(x)q(x) + r(x)$ で，$r(x)$ の次数は $g(x)$ よりも低いとする．すると，$f(x)$ と $g(x)$ の公約多項式全体がなす集合は，$g(x)$ と $r(x)$ の公約多項式全体がなす集合に等しい．特に $f(x)$ と $g(x)$ の最大公約多項式は $g(x)$ と $r(x)$ の最大公約多項式と一致する．

[証明] まず $h(x)$ は $f(x)$ と $g(x)$ の公約多項式であるとする．すなわち $f(x) = h(x)\varphi(x), g(x) = h(x)\psi(x)$ というように積としてあらわされるとする．

$$r(x) = f(x) - g(x)q(x)$$
$$= h(x)\bigl(\varphi(x) - \psi(x)q(x)\bigr)$$

となるので，$r(x)$ も $h(x)$ の倍多項式となる．すなわち $h(x)$ は $r(x)$ の約多項式となる．よって $h(x)$ は $g(x)$ と $r(x)$ の公約多項式となる．

逆に $H(x)$ が $g(x)$ と $r(x)$ の公約多項式であるとする．すなわち $g(x) = H(x)\Phi(x), r(x) = H(x)\Psi(x)$ というように積としてあらわされるとする．

$$f(x) = g(x)q(x) + r(x)$$
$$= H(x)\bigl(\Phi(x)q(x) + \Psi(x)\bigr)$$

となるので，$f(x)$ も $H(x)$ の倍多項式となる．すなわち $H(x)$ は $f(x)$ と $g(x)$ の公約多項式となる．

以上より $f(x)$ と $g(x)$ の公約多項式全体がなす集合は，$g(x)$ と $r(x)$ の公約多項式全体がなす集合に等しいことがわかった．特にそれぞれの集合の中で次数が最大となる多項式，すなわち最大公約多項式も一致する． □

では，補題 2.21 を使って多項式 $f(x)$ と $g(x)$ の最大公約多項式を計算する方法をご紹介しよう．

アルゴリズム 2.22　ユークリッドの互除法

$K \subset \mathbb{C}$ は体とし，$f_0(x)$ と $f_1(x)$ は $K[x]$ の元とする．$f_0(x)$ を $f_1(x)$ で割り算して，その商を $q_1(x)$, 余りを $f_2(x)$ とする．

もし $f_2(x) \neq 0$ なら，$f_1(x)$ を $f_2(x)$ で割り算して，その商を $q_2(x)$，余りを $f_3(x)$ とおく．以下同様に，$f_i(x)$ を $f_{i+1}(x)$ で割り算し，商を $q_{i+1}(x)$，余りを $f_{i+2}(x)$ とおく．この操作を続けていくと，いつかは割り算が割り切れる．例えば $f_{r-2}(x)$ を $f_{r-1}(x)$ で割った余り $f_r(x)$ が 0 になったとする．このとき，最後に行う割り算 $f_{r-2}(x) \div f_{r-1}(x)$ が割り切れるわけだが，そこに出てくる $f_{r-1}(x)$ が $f_0(x)$ と $f_1(x)$ の最大公約多項式である．

[証明] まず，いつかは割り算が割り切れることから示そう．$f_{i+2}(x)$ は $f_{i+1}(x)$ で割り算した余りなので，$f_{i+2}(x)$ の次数は $f_{i+1}(x)$ の次数より低い．つまりどんどん次数が下がっていく．割り切れることなく次数が下がっていけば，いつかは $f_j(x)$ の次数が 0，すなわち $f_j(x)$ は 0 でない定数になる．ここで，0 でない定数で割り算すると確実に割り切れるので，いつかは割り切れて，操作が終了することがわかった．

次に補題 2.21 を使おう．$i = 0, 1, 2, \ldots, r-2$ に対して「$f_i(x)$ と $f_{i+1}(x)$ の最大公約多項式」と「f_{i+1} と $f_{i+2}(x)$ の最大公約多項式」は一致する．よって帰納的に「$f_0(x)$ と $f_1(x)$ の最大公約多項式」と「$f_{r-2}(x)$ と $f_{r-1}(x)$ の最大公約多項式」が一致することがわかる．ところが，$f_{r-1}(x)$ は $f_{r-2}(x)$ を割り切り，もちろん $f_{r-1}(x)$ も割り切るので，$f_{r-2}(x)$ と $f_{r-1}(x)$ の公約多項式である．$f_{r-1}(x)$ の約多項式は最大でも次数が $f_{r-1}(x)$ の次数を超えないので，$f_{r-1}(x)$ は $f_{r-2}(x)$ と $f_{r-1}(x)$ の最大公約多項式である．よってこれが $f_0(x)$ と $f_1(x)$ の最大公約多項式である． □

系 2.23

上記ユークリッドの互除法において，$f_0(x)$ と $f_1(x)$ の最大公約多項式は定数倍を除いて $f_{r-1}(x)$ のみである．すなわち，$h(x)$ も $f_0(x)$ と $f_1(x)$ の最大公約多項式であれば，0 でない定数 $a \in K$ が存在して，$ah(x) = f_{r-1}(x)$ となる．

[証明] $h(x) \in K[x]$ も $f_0(x)$ と $f_1(x)$ の最大公約多項式であれば，$h(x)$ は $f_{r-2}(x)$ と $f_{r-1}(x)$ の最大公約多項式でもあるので，$h(x)$ は $f_{r-1}(x)$ を割り切り，しかも $h(x)$ の次数は $f_{r-1}(x)$ に等しくなる．そこで $f_{r-1}(x) \div h(x)$ の商を a とおくと，a は 0 でない 0 次式，つまり定数となり，$f_{r-1}(x) = ah(x)$ とあらわされる． □

系 2.23 を踏まえて，次のように定義する．

定義 2.24

$K \subset \mathbb{C}$ は体とし，$f(x), g(x) \in K[x]$ とする．このとき，$f(x)$ と $g(x)$ の最大公約多項式を $\mathrm{GCD}(f(x), g(x))$ とあらわす．

系 2.23 により，$\mathrm{GCD}(f(x), g(x))$ は定数倍を除いてただ一通りに定まる．逆に言うと，GCD という記号を用いる場合は「$\mathrm{GCD}(f(x), g(x))$」というひとつの決まった多項式があるわけではなくて，0 でない定数倍した多項式どうしを同一視して考えることになる．

例えば $x^3 + x^2 - 2x - 2$ と $2x^2 + 3x + 1$ の最大公約多項式を上記ユークリッド互除法に忠実に従って計算すると

$$(x^3 + x^2 - 2x - 2) \div (2x^2 + 3x + 1) = \frac{x}{2} - \frac{1}{4} \quad 余り \quad \frac{-7x}{4} - \frac{7}{4}$$

$$(2x^2 + 3x + 1) \div \left(\frac{-7x}{4} - \frac{7}{4}\right) = \frac{-8x}{7} - \frac{4}{7} \quad \text{余り } 0$$

となるので

$$\mathrm{GCD}(x^3 + x^2 - 2x - 2, 2x^2 + 3x + 1) = \frac{-7x}{4} - \frac{7}{4}$$

となるが，定数 $\frac{-7}{4}$ で割って

$$\mathrm{GCD}(x^3 + x^2 - 2x - 2, 2x^2 + 3x + 1) = x + 1$$

とも書くことができ，こちらの方が簡単である．実際，最大公約多項式は式を定数倍しても変わらないので，$(2x^2 + 3x + 1)$ を $\left(\frac{-7x}{4} - \frac{7}{4}\right)$ で割り算するかわりに $x + 1$ で割り算しても構わない．このようにこまめに定数倍して分母を払っておくことで，計算の手間をかなり省くことができる．

さて重要なのは，ユークリッドの互除法アルゴリズムの計算手順からわかる次の事実だ．

命題 2.25 **拡張ユークリッド互除法**

$K \subset \mathbb{C}$ は体，$f(x), g(x)$ は $K[x]$ の元とし，$h(x)$ は $f(x)$ と $g(x)$ の最大公約多項式であるとする．このとき，多項式 $\varphi(x), \psi(x) \in K[x]$ が存在して，

$$h(x) = f(x)\varphi(x) + g(x)\psi(x)$$

とあらわされる．

[証明] アルゴリズム 2.22 により，$f_0(x) = f(x), f_1(x) = g(x)$ としてユークリッド互除法の計算を行うことで，最大公約多項式 $f_{r-1}(x)$ が求まり，系 2.23 により我々が任意に与えた最大公約多項式 $h(x)$ は $f_{r-1}(x)$ の定数倍である．よって 0 でない定数 $a \in K$

によって $h(x) = af_{r-1}(x)$ とあらわされるとして差し支えない．

等式
$$h(x) = f_i(x)\varphi_i(x) + f_{i+1}(x)\psi_i(x)$$

が成り立つような $\varphi_i(x), \psi_i(x) \in K[x]$ が存在することを，i について下降帰納法で証明しよう．$i = r - 2$ の時は $\varphi_{r-2}(x) = 0$, $\psi_{r-2}(x) = a$ とおけば $f_{r-2}(x) \cdot 0 + f_{r-1}(x) \cdot a = af_{r-1}(x) = h(x)$ となるので確かに存在する．$i > 0$ とし，等式を成り立たせるような $\varphi_i(x)$ と $\psi_i(x)$ が存在すると仮定して，$\varphi_{i-1}(x)$ と $\psi_{i-1}(x)$ が存在することを示せば良い．

$f_{i-1}(x) \div f_i(x) = q_i(x)$　余り $f_{i+1}(x)$ であったので，$f_{i+1}(x) = f_{i-1}(x) - f_i(x)q_i(x)$ である．これを $h(x) = f_i(x)\varphi_i(x) + f_{i+1}(x)\psi_i(x)$ に代入すると

$$h(x) = f_i(x)\varphi_i(x) + (f_{i-1}(x) - f_i(x)q_i(x))\psi_i(x)$$
$$= f_{i-1}(x)\psi_i(x) + f_i(x)\Big(\varphi_i(x) - q_i(x)\psi_i(x)\Big)$$

となる．よって $\varphi_{i-1}(x) = \psi_i(x), \psi_{i-1}(x) = \varphi_i(x) - q_i(x)\psi_i(x)$ とおけばよい．これで帰納法が成立した．

特に $i = 0$ に対して $f_{r-1}(x) = f(x)\varphi_0(x) + g(x)\psi_0(x)$ が成り立つので，$\varphi(x) = \varphi_0(x), \psi(x) = \psi_0(x)$ とおけばよい． □

注意 2.26

本書では詳しく説明はしないが，同様な議論を整数に対しても行うことができる．すなわち n, m が自然数で，d がその最大公約数ならば，整数 s と t をうまく取って $d = ns + mt$ とあらわすことができる．

2.3 ユークリッドの互除法と分母の有理化

証明にあらわれた帰納的な計算を実際に行うことによって, $\varphi(x), \psi(x)$ を具体的に求めることができる. $f(x) = x^3 - 2, g(x) = x^2 + x - 1$ に対して, 最大公約多項式 $h(x)$ を求め, さらに $h(x) = f(x)\varphi(x) + g(x)\psi(x)$ が成り立つような $\varphi(x), \psi(x)$ を見つけてみよう.

$$(x^3 - 2) \div (x^2 + x - 1) = x - 1 \quad \text{余り } 2x - 3$$
$$(x^2 + x - 1) \div (2x - 3) = \frac{x}{2} + \frac{5}{4} \quad \text{余り } \frac{11}{4}$$
$$(2x - 3) \div \frac{11}{4} = \frac{8}{11}x - \frac{12}{11} \quad \text{余り } 0$$

よって最大公約多項式は $\frac{11}{4}$ (つまり定数倍して 1) である.

次に拡張ユークリッド互除法の計算を行う.

$$\frac{11}{4} = (x^2 + x - 1) - (2x - 3)\left(\frac{x}{2} + \frac{5}{4}\right)$$
$$= g(x) - \big(f(x) - g(x)(x-1)\big)\left(\frac{x}{2} + \frac{5}{4}\right)$$
$$= f(x)\left(-\frac{x}{2} - \frac{5}{4}\right) + g(x)\left(1 + (x-1)\left(\frac{x}{2} + \frac{5}{4}\right)\right)$$
$$= f(x)\left(-\frac{x}{2} - \frac{5}{4}\right) + g(x)\left(\frac{1}{2}x^2 + \frac{3}{4}x - \frac{1}{4}\right)$$

この両辺を $\frac{11}{4}$ で割って

$$1 = f(x)\left(-\frac{2}{11}x - \frac{5}{11}\right) + g(x)\left(\frac{2}{11}x^2 + \frac{3}{11}x - \frac{1}{11}\right)$$

という式が得られた.

さて, この計算は, 実は分母の有理化の計算と読み取ることができる. 読み取るためには, $x = \sqrt[3]{2}$ を代入してみれば良い. $\varphi(x) = -\frac{2}{11}x - \frac{5}{11}, \psi(x) = \frac{2}{11}x^2 + \frac{3}{11}x - \frac{1}{11}$ とおくと $1 = f(x)\varphi(x) + g(x)\psi(x)$ なので, $f(\sqrt[3]{2}) = 0$ に注意して

$$1 = f(\sqrt[3]{2})\varphi(\sqrt[3]{2}) + g(\sqrt[3]{2})\psi(\sqrt[3]{2})$$
$$= 0 \cdot \varphi(\sqrt[3]{2}) + (-1 + \sqrt[3]{2} + \sqrt[3]{4})\left(-\frac{1}{11} + \frac{3}{11}\sqrt[3]{2} + \frac{2}{11}\sqrt[3]{4}\right)$$
$$= (-1 + \sqrt[3]{2} + \sqrt[3]{4})\frac{1}{11}(-1 + 3\sqrt[3]{2} + 2\sqrt[3]{4})$$

この両辺を $-1 + \sqrt[3]{2} + \sqrt[3]{4}$ で割り算して，

$$\frac{1}{-1 + \sqrt[3]{2} + \sqrt[3]{4}} = \frac{1}{11}(-1 + 3\sqrt[3]{2} + 2\sqrt[3]{4})$$

となることがわかった．分母の有理化ができたわけである．

検算をしておこう．積 $(-1+\sqrt[3]{2}+\sqrt[3]{4})(-1+3\sqrt[3]{2}+2\sqrt[3]{4})$ を計算すると確かに 11 になり，$-1+\sqrt[3]{2}+\sqrt[3]{4}$ の逆数が $\frac{1}{11}(-1+3\sqrt[3]{2}+2\sqrt[3]{4})$ であることが確かめられた．

練習問題 2.27

$\sqrt[3]{4}+2\sqrt[3]{2}-1$ の逆数を $a\sqrt[3]{4}+b\sqrt[3]{2}+c$（ただし a,b,c は有理数）という形であらわせ．

いま行った計算は，全ての代数的数に対して通用する．すなわち，次の定理が成り立つ．

定理 2.28　分母の有理化

$K \subset \mathbb{C}$ は体，$\alpha \in \mathbb{C}$ は K 上代数的な数，$f(x)$ は α の K 上の既約多項式で，$f(x)$ の次数は d とする．$K[\alpha]$ の 0 でない元を，$d-1$ 次以下の多項式 $g(x) \in K[x]$ により $g(\alpha)$ とあらわす．すると $\mathrm{GCD}(f(x), g(x)) = 1$ であり，拡張ユークリッド互除法によって

$$1 = f(x)\varphi(x) + g(x)\psi(x)$$

が成り立つような $\varphi(x), \psi(x) \in K[x]$ を見つけると，$\psi(\alpha)$ が $g(\alpha)$ の逆数である．

[証明] 定理 2.18 により，$K[\alpha]$ の元は $d-1$ 次以下の多項式 $g(x) \in K[x]$ により $g(\alpha)$ とただ一通りにあらわすことができる．$g(\alpha)$ は 0 でない元なので，$g(x)$ は 0 でない多項式である．$f(x)$ は既約多項式なので，d 次より低い多項式 2 つの積としてあらわすことはできない．よって $f(x)$ の $d-1$ 次以下の約多項式は 0 でない定数しかない．一方 $g(x)$ の約多項式は $d-1$ 次以下なので，$\mathrm{GCD}(f(x), g(x))$ は 0 でない定数となる．定数倍したものは同一視して良いので，$\mathrm{GCD}(f(x), g(x)) = 1$ である．

拡張ユークリッドの互除法により，$1 = f(x)\varphi(x) + g(x)\psi(x)$ が成り立つような $\varphi(x), \psi(x) \in K[x]$ を見つけることができる．ここで $x = \alpha$ を代入すると，$f(\alpha) = 0$ に注意して

$$1 = f(\alpha)\varphi(\alpha) + g(\alpha)\psi(\alpha)$$
$$= g(\alpha)\psi(\alpha)$$

となる．両辺を $g(\alpha)$ で割ると

$$\frac{1}{g(\alpha)} = \psi(\alpha)$$

となる．すなわち $g(\alpha)$ の逆数は $\psi(\alpha)$ となる． □

定理 2.28 を使って分母の有理化ができるので，$K[\alpha]$ の中で割り算を自由に行うことができる．つまり次の定理が成り立つ．$K[\alpha]$ は K と α を材料に足し算引き算かけ算で作ることができる数全体の集合であったが，割り算を使ってもさらに新しい数を作ることはできないのである．

定理 2.29

$K \subset \mathbb{C}$ は体，$\alpha \in \mathbb{C}$ は K 上代数的とする．すると $K[\alpha] = K(\alpha)$ である．

[証明] $K[\alpha]$ は足し算，引き算，かけ算について閉じているので，あとは割り算についても閉じていることを示せば良い．つまり $K[\alpha]$ の元 a, b を任意にとったとき，$b \neq 0$ なら $\dfrac{a}{b} \in K[\alpha]$ となることを示せば良い．定理 2.28 により $\psi(x) \in K[x]$ が存在して $\dfrac{1}{b} = \psi(\alpha)$ とあらわすことができる．命題 2.8 により $\psi(\alpha) \in K[\alpha]$ であり，$K[\alpha]$ は積について閉じているので，$\dfrac{a}{b} = a\psi(\alpha) \in K[\alpha]$ である． □

定理 2.29 により，例えば

$$\mathbb{Q}(\sqrt[3]{2}) = \{a + b\sqrt[3]{2} + c\sqrt[3]{4} \mid a, b, c \in \mathbb{Q}\}$$

というようにあらわされる．一般に α が K 上 d 次の代数的数であれば

$$K(\alpha) = \{c_0 + c_1\alpha + \cdots + c_{d-1}\alpha^{d-1} \mid c_i \in K\}$$

とあらわされる．

注意 2.30

$K \subset \mathbb{C}$ が体で $\alpha \in \mathbb{C}$ が K 上代数的でないとき，

$$K(\alpha) = \left\{\dfrac{f(\alpha)}{g(\alpha)} \;\middle|\; f(x), g(x) \in K[x], g(x) \neq 0\right\}$$

というようにあらわされる．多項式の商としてあらわされるような式を有理式とよぶが，α が代数的でないときの $K(\alpha)$ と

は，K 係数の有理式に α を代入することであらわされる値全体がなす体なのである．α が代数的でないので，$g(x) \neq 0$ なら $g(\alpha) \neq 0$ であり，割り算がちゃんと定義できる．$\dfrac{f(x)}{g(x)}$ が既約分数であること（つまり $\mathrm{GCD}(f(x), g(x)) = 1$）を仮定すれば，分母分子を同じ定数で定数倍する不定性を除いて，$K(\alpha)$ の元を $\dfrac{f(\alpha)}{g(\alpha)}$ とあらわす方法はただ一通りである．

注意 2.31

可換環論の初歩をご存知の読者に対しては，本章のここまでの内容は次のようにまとめることができる（この部分がちんぷんかんぷんであっても，本書の続きを読むのに差し支えはない）．

$K \subset \mathbb{C}$ は体，$\alpha \in \mathbb{C}$ とし，環準同型

$$\varphi : K[x] \to \mathbb{C}$$

を $\varphi(f(x)) := f(\alpha)$ により定義する．$\mathbb{C}$ は体なので φ の像 $\varphi(K[x]) = K[\alpha]$ は整域であり，よって $\mathrm{Ker}(\varphi)$ は素イデアルである．体上の 1 変数多項式環 $K[x]$ はユークリッド整域なので単項イデアル整域であり，素イデアルは既約元 $f(x)$ により生成された $(f(x))$ か，あるいは 0 イデアル (0) のみである．$\mathrm{Ker}(\varphi) = (0)$ となるのは α が K 上代数的でない場合に限られるので，α が K 上代数的なら，$\mathrm{Ker}(\varphi)$ は K 上の既約多項式 $f(x)$ が生成する単項イデアルとなる．このとき単項イデアル $(f(x))$ は極大イデアルとなるので $K[\alpha]$ は体となる．すなわち α が K 上代数的なら $K[\alpha] = K(\alpha)$ は K と α を含む最小の体である．

2.4 体 K 上の線形代数と次数公式

　線形代数は現代数学の基本的素養であり，本書の読者であれば $\mathbb{R}$ 上あるいは $\mathbb{C}$ 上の線形代数について勉強したことがあるであろう．線形代数の重要な特徴として，加減乗除という四則演算の組み合わせで重要な計算が全て行える，ということがあるが，もしそうであるならば，係数が $\mathbb{R}$ や $\mathbb{C}$ でなくても「自然に四則演算ができる体系」を係数に使って線形代数を展開することができるはずである．

　つまり，K が体ならば K 上の線形代数を行うことができ，$\mathbb{R}$ 上および $\mathbb{C}$ 上で成り立っていたような定理は K 上でもほぼそのまま使えるのだ．本節ではそのような視点から，「次数公式」という重要な公式を証明することを目標とする．

定義 2.32

　$K \subset \mathbb{C}$ は体とする．V が K 上の線形空間であるとは，次の (a), (b) のような足し算，スカラー倍という2つの演算があり，そのあとの (1)〜(8) の条件を満たすことである．

　(a) $v, w \in V$ に対し足し算 $v + w \in V$ が定義されている．

　(b) ベクトル $v \in V$ と係数 $\lambda \in K$ に対し，スカラー倍 $\lambda v \in V$ が定義されている．

この2つの演算が満たすべき条件は，以下の通りである．

　(1) 足し算は結合則を満たす：任意の $u, v, w \in V$ に対し $(u + v) + w = u + (v + w)$ が成り立つ．

　(2) 足し算の単位元 $\mathbf{0} \in V$ がある：任意の $v \in V$ に対し $v + \mathbf{0} = v = \mathbf{0} + v$ が成り立つ．

　(3) 足し算の逆元がある：任意の $v \in V$ に対し $-v \in V$ というベクトルが存在して，$v + (-v) = \mathbf{0} = (-v) + v$ が成

り立つ．
(4) 足し算は交換則を満たす：任意の $v, w \in V$ に対し $v + w = w + v$ が成り立つ．
(5) スカラー倍と足し算に関して分配則が成り立つ：任意の $\lambda \in K$ と $v, w \in V$ に対して $\lambda(v + w) = (\lambda v) + (\lambda w)$ が成り立つ．
(6) 係数の足し算とスカラー倍に対しても分配則が成り立つ：任意の $\lambda, \mu \in K$ と $v \in V$ に対して $(\lambda + \mu)v = (\lambda v) + (\mu v)$ が成り立つ．
(7) 体 K の乗法の単位元 $1 \in K$ によるスカラー倍は恒等写像である：任意の $v \in V$ に対し $1v = v$ である．
(8) スカラー倍は，体 K のかけ算と互換性がある：任意の $\lambda, \mu \in K$ と $v \in V$ に対し，$(\lambda\mu)v = \lambda(\mu v)$ が成り立つ．

線形空間の定義をずらずらと並べてしまったが，どれもこれも当然成り立つべき自然な条件であることがわかるだろう．これだけの条件さえ満たせば，$\mathbb{R}$ 上，および $\mathbb{C}$ 上で勉強してきた線形代数の諸定理が，K 上の線形空間に対しても成り立つのである．この事実は本書では証明しないので，えいやっと空想力を働かせて納得してほしい．

「8つも条件があるのでは覚えきれない」と思われるかも知れないが，代数系をご存知であれば，(1)〜(4) は「V は加法に関して可換群をなす」(5)〜(8) は「K から $\mathrm{End}(V)$ への環準同型がスカラー倍を定める」という，たった2つの条件で言い換えることができる（ただし $\mathrm{End}(V)$ は可換群 V の自己準同型環である）．

このような視点を持ち出すありがたみの例として，例えば定理 2.18 を線形代数の言葉で言い換えてみよう（内容は定理 2.18 と定理 2.29 を組み合わせただけなので，証明はしない）．

定理 2.33

$K \subset \mathbb{C}$ は体,$\alpha \in \mathbb{C}$ は K 上代数的,$f(x) \in K[x]$ は α の K 上の既約多項式とする.$f(x)$ の次数を d とすると,$K(\alpha)$ は K 上のベクトル空間として $\{1, \alpha, \alpha^2, \ldots, \alpha^{d-1}\}$ を基底に持つ.特に $K(\alpha)$ は K 上のベクトル空間として d 次元である.

あまりありがたいとは思えない? ではこんな応用はどうだろうか?

命題 2.34

$K \subset \mathbb{C}$ は体,$\alpha \in \mathbb{C}$ は K 上 d 次の代数的数とする.すると $K(\alpha)$ の任意の元 β は K 上高々 d 次の代数的数である.

[証明] 定理 2.33 により,$K(\alpha)$ は K 上 d 次元の線形空間である.$1, \beta, \beta^2, \ldots, \beta^d$ という $d+1$ 個の元を考えると,これは d 次元線形空間の中の $d+1$ 個の元なので,K 上線形従属である.つまり $c_0, c_1, \ldots, c_d \in K$ でひとつは 0 でないような組があり,

$$c_0 + c_1 \beta + c_2 \beta^2 + \cdots + c_d \beta^d = 0$$

となる.これは,β が K 上 d 次以下の代数的数であることをあらわしている.□

例えば $\beta = 1 + \sqrt[3]{2} - 2\sqrt[3]{4} \in \mathbb{Q}(\sqrt[3]{2})$ を考えると,命題 2.34 により,これが有理数係数の 3 次方程式の解になる,ということが何の計算もせずにわかってしまうのだ.実際にその 3 次方程式を見つけてみよう.

例題 2.35

$\beta = 1 + \sqrt[3]{2} - 2\sqrt[3]{4} \in \mathbb{Q}(\sqrt[3]{2})$ を解に持つ $\mathbb{Q}$ 係数の 3 次方程式を作れ．

定理 2.33 に従い，$\mathbb{Q}(\sqrt[3]{2})$ の基底として，$\{1, \sqrt[3]{2}, \sqrt[3]{4}\}$ を取る．この基底のもとで，$a + b\sqrt[3]{2} + c\sqrt[3]{4}$ $(a, b, c \in \mathbb{Q})$ という数は $\begin{pmatrix} a \\ b \\ c \end{pmatrix}$ とベクトル表示される．$1, \beta, \beta^2, \beta^3$ をこの基底のもとでベクトル表示すると 1 は $\begin{pmatrix} 1 \\ 0 \\ 0 \end{pmatrix}$, $\beta = 1 + \sqrt[3]{2} - 2\sqrt[3]{4} \in \mathbb{Q}(\sqrt[3]{2})$ は $\begin{pmatrix} 1 \\ 1 \\ -2 \end{pmatrix}$, $\beta^2 = -7 + 10\sqrt[3]{2} - 3\sqrt[3]{4}$ は $\begin{pmatrix} -7 \\ 10 \\ -3 \end{pmatrix}$, $\beta^3 = -53 + 15\sqrt[3]{2} + 21\sqrt[3]{4}$ は $\begin{pmatrix} -53 \\ 15 \\ 21 \end{pmatrix}$ となる．$c_0 + c_1\beta + c_2\beta^2 + c_3\beta^3 = 0$ とするためには

$$c_0 \begin{pmatrix} 1 \\ 0 \\ 0 \end{pmatrix} + c_1 \begin{pmatrix} 1 \\ 1 \\ -2 \end{pmatrix} + c_2 \begin{pmatrix} -7 \\ 10 \\ -3 \end{pmatrix} + c_3 \begin{pmatrix} -53 \\ 15 \\ 21 \end{pmatrix} = \begin{pmatrix} 0 \\ 0 \\ 0 \end{pmatrix}$$

とすれば良い．つまり

$$\begin{pmatrix} 1 & 1 & -7 & -53 \\ 0 & 1 & 10 & 15 \\ 0 & -2 & -3 & 21 \end{pmatrix} \begin{pmatrix} c_0 \\ c_1 \\ c_2 \\ c_3 \end{pmatrix} = \begin{pmatrix} 0 \\ 0 \\ 0 \end{pmatrix}$$

を解けば良い．掃き出し法を使うと，係数が大きい割にはあっけなく $c_0(17, 15, -3, 1)$ が一般解だとわかるので，$x^3 - 3x^2 + 15x + 17 = 0$ という方程式が求まる．これで実際に代入するか，あるいは 1.2 節でご紹介した3次方程式の解法を使っても，β がこの方程式の解であることが確かめられる．また，この計算の流れを追っていけば，命題 2.34 が線形代数の簡単な応用なのだ，という実感が得られたことと思う．

さて，定義 2.32 により，一般に体の包含関係があれば線形空間ができてしまう．

命題 2.36

$K \subset L \subset \mathbb{C}$ において K と L は体であるとする．このとき，L に定義された足し算と，K の元によるかけ算により，L は K 上の線形空間となる．

[証明] 線形空間の条件（定義 2.32）が，自然な条件ばかりであるので，ひとつひとつ確かめてみれば，全て明らかに成り立つことがわかる． □

これにより，次の定義ができる．

定義 2.37

$K \subset \mathbb{C}, L \subset \mathbb{C}$ は体であるとし，$K \subset L$ とする．このとき，L の K 上の線形空間としての次元を $K \subset L$ の拡大次数とよび，$[L : K]$ という記号であらわす．$d = [L : K]$ のとき，L は K の d 次拡大であると言う．

例えば $\mathbb{C}$ は $\mathbb{R}$ 上 $\{1, \sqrt{-1}\}$ という基底を持つので2次元であり，

$[\mathbb{C}:\mathbb{R}]=2$ である．また $[\mathbb{Q}(\sqrt{2}):\mathbb{Q}]=2, [\mathbb{Q}(\sqrt[3]{2}):\mathbb{Q}]=3$ である．$K\subset\mathbb{C}$ は体，$\alpha\in\mathbb{C}$ が K 上 d 次の代数的数ならば，定理 2.33 により $[K(\alpha):K]=d$ である．

さて，この拡大次数に関して次の定理は本節の主定理である．

定理 2.38　次数公式

$K\subset L\subset M\subset\mathbb{C}$ とし，K,L,M は全て体であるとする．$[M:K]$ が有限であれば，あるいは $[M:L]$ と $[L:K]$ がともに有限であれば，$[M:K],[M:L],[L:M]$ は全て有限となり，

$$[M:K]=[M:L]\cdot[L:K]$$

という等式が成り立つ．

[証明] $[M:K]$ が有限なら L は M の部分空間なので $[L:K]$ も有限である．また M の K 上の基底は L 上でも M を張るので，$[M:L]$ も有限であることがわかる．よって $[M:L]$ と $[L:K]$ がともに有限の場合に，M の K 上の線形空間としての基底で，$[M:L]\cdot[L:K]$ 個の元からなるものを作れば良い．$\{v_1,v_2,\ldots,v_d\}$ が L の K 上の基底，$\{w_1,w_2,\ldots,w_e\}$ が M の L 上の基底であるとすれば，その積の集合

$$\{v_iw_j|1\leq i\leq d, 1\leq j\leq e\}$$

が M の K 上の基底になることを示す．

(1) $\{v_iw_j|1\leq i\leq d, 1\leq j\leq e\}$ が K 上 M を張ることを示す．$m\in M$ を任意に取り，この m が v_iw_j たちの K 上の線形結合としてあらわされることを示せば良い．まず $\{w_1,\ldots,w_e\}$ は M の L 上の基底なので，$m=a_1w_1+\cdots+a_ew_e$ とあらわされる．た

だし, $a_j \in L$ である. それぞれの a_j に対し, $\{v_1,\ldots,v_d\}$ は L の K 上の基底なので, $a_j = b_{1j}v_1 + \cdots + b_{dj}v_d$ とあらわすことができる. ただし $b_{ij} \in K$ である. よって

$$m = a_1 w_1 + \cdots + a_e w_e$$
$$= (b_{11}v_1 + \cdots + b_{dj}v_d)w_1 + \cdots + (b_{1j}v_1 + \cdots + b_{dj}v_d)w_j +$$
$$\cdots + (b_{1e}v_1 + \cdots + b_{de}v_d)w_e$$
$$= b_{11}v_1 w_1 + \cdots + b_{ij}v_i w_j + \cdots + b_{de}v_d w_e$$

よって任意の $m \in M$ が $v_i w_j$ たちの K 係数線形結合としてあらわされた.

(2) 次に $\{v_i w_j | 1 \le i \le d, 1 \le j \le e\}$ が K 上一次独立であることを示す. つまり $b_{11}v_1 w_1 + \cdots + b_{ij}v_i w_j + \cdots + b_{de}v_d w_e = 0$ で $b_{ij} \in K$ ならば $b_{11} = \cdots = b_{ij} = \cdots = b_{de} = 0$ となることを示す. もし $b_{11}v_1 w_1 + \cdots + v_{ij}v_i w_j + \cdots + b_{de}v_d w_e = 0$ ならば, $w_1, w_2, \ldots, w_e$ でくくって

$$(b_{11}v_1 + b_{21}v_2 + \cdots + b_{d1}v_d)w_1 +$$
$$\cdots + (b_{1j}v_1 + \cdots + b_{dj}v_d)w_j +$$
$$\cdots + (b_{1e}v_1 + \cdots + b_{de}v_d)w_e = 0$$

となる. ここで各 w_j の係数 $b_{1j}v_1 + \cdots + b_{dj}v_d$ は L の元である. $\{w_1,\ldots,w_e\}$ は L 上一次独立なので, L 係数の線形結合が 0 ならば, 全ての係数が 0 であることがわかる. すなわち $b_{11}v_1 + b_{21}v_2 + \cdots + b_{d1}v_d = 0, \ldots, b_{1j}v_1 + \cdots + b_{dj}v_d = 0, \ldots, b_{1e}v_1 + \cdots + b_{de}v_d = 0$ となる. ここで $b_{1j},\ldots,b_{dj}$ は K の元であり, $\{v_1,\ldots,v_d\}$ は K 上一次独立なので, 全ての j に対し $b_{1j} = \cdots = b_{dj} = 0$ となることがわかる. すなわち全ての b_{ij} が 0 になり, $\{v_i w_j | 1 \le i \le d, 1 \le j \le e\}$ が K 上一次独立であることが証明された.

以上より $\{v_i w_j | 1 \le i \le d, 1 \le j \le e\}$ は M の K 上の基底で

あり，特にその個数を数えることによって $[M:K] = de = [L:K] \cdot [M:L]$ となることが証明された． □

ここまで，体 K にひとつだけ新しい数を付け加えて四則演算を使ってどんな集合を作ることができるかを調べてきたが，複数の新しい数を付け加えた状況を考えてみよう．

定義 2.39

$K \subset \mathbb{C}$ は体とし，$\alpha_1, \ldots, \alpha_n \in \mathbb{C}$ とする．K の元と $\{\alpha_1, \ldots, \alpha_n\}$ を四則演算を使って自由に組み合わせてあらわされる数全体の集合を

$$K(\alpha_1, \alpha_2, \ldots, \alpha_n)$$

とあらわす．

たくさんの元を一度に付け加えるのは大変そうだが，実はひとつずつ付け加えれば良い．つまり次の補題が成り立つ．

補題 2.40

$\bigl(K(\alpha)\bigr)(\beta) = K(\alpha, \beta)$ である．より一般に

$$\bigl(K(\alpha_1, \ldots, \alpha_{n-1})\bigr)(\alpha_n) = K(\alpha_1, \alpha_2, \ldots, \alpha_n)$$

である．

[証明] $\bigl(K(\alpha)\bigr)(\beta)$ は，「K と α を材料に，四則演算を使って自由に組み合わせて作ることができる数全体」と β を材料に，四則演算を使って自由に組み合わせて作ることができる数全体，であるので，結局 K と α と β を材料に四則演算を使って自由に組み合わせて作ることができる数全体に他ならない．つまり $K(\alpha, \beta)$ に一

致する．2つめの等式も，同様． □

では $\mathbb{Q}(\sqrt{2}, \sqrt{3})$ がどんな体になっているかを次数公式を使って調べてみよう．まず次の補題を準備する．

補題 2.41
$\sqrt{3}$ は $\mathbb{Q}(\sqrt{2})$ に含まれない．

[証明] $\sqrt{3} \in \mathbb{Q}(\sqrt{2})$ であったすると，有理数 a, b により $a + b\sqrt{2} = \sqrt{3}$ とあらわすことができる．両辺を 2 乗して $(a^2 + 2b^2) + 2ab\sqrt{2} = 3$ となるので，$(a^2 + 2b^2 - 3) + 2ab\sqrt{2} = 0$ となる．$\{1, \sqrt{2}\}$ の $\mathbb{Q}$ 上の一次独立性により，$a^2 + 2b^2 - 3 = 0, 2ab = 0$ が得られる．特に $2ab = 0$ より $a = 0$ または $b = 0$ がわかる．$b = 0$ ならば $a = \sqrt{3}$ となるが，これは $\sqrt{3}$ が無理数である，という事実に反する．また $a = 0$ ならば $b\sqrt{2} = \sqrt{3}$ となるので両辺を $\sqrt{2}$ 倍して $2b = \sqrt{6}$ となる．これも $\sqrt{6}$ が無理数である，という事実に反する． □

よって $\mathbb{Q}(\sqrt{2})$ 係数の多項式として $x^2 - 3$ は既約である．もし $\mathbb{Q}(\sqrt{2})$ 係数で $x^2 - 3$ が $ax + b$ という 1 次の因子を持ったとすると，$\mathbb{Q}(\sqrt{2}) \ni \dfrac{-b}{a} = \pm\sqrt{3}$ となってしまい，補題 2.41 に矛盾するからである．したがって $\sqrt{3}$ の $\mathbb{Q}(\sqrt{2})$ 上の既約多項式は $x^2 - 3$ であり，$\mathbb{Q}(\sqrt{2}) \subset \bigl(\mathbb{Q}(\sqrt{2})\bigr)(\sqrt{3})$ は 2 次拡大である．

ではこの状況に次数公式を使ってみよう．$[\mathbb{Q}(\sqrt{2}) : \mathbb{Q}] = 2$ であり，また $[\mathbb{Q}(\sqrt{2}, \sqrt{3}) : \mathbb{Q}(\sqrt{2})] = [\bigl(\mathbb{Q}(\sqrt{2})\bigr)(\sqrt{3}) : \mathbb{Q}(\sqrt{2})] = 2$ であることを確かめたので，

$$[\mathbb{Q}(\sqrt{2}, \sqrt{3}) : \mathbb{Q}] = [\mathbb{Q}(\sqrt{2}, \sqrt{3}) : \mathbb{Q}(\sqrt{2})] \cdot [\mathbb{Q}(\sqrt{2}) : \mathbb{Q}]$$
$$= 2 \times 2 = 4$$

となることがわかった．

$\mathbb{Q}(\sqrt{2})$ の $\mathbb{Q}$ 上の基底として $\{1,\sqrt{2}\}$ が取れ，$\mathbb{Q}(\sqrt{2},\sqrt{3})$ の $\mathbb{Q}(\sqrt{2})$ 上の基底として $\{1,\sqrt{3}\}$ が取れるので，定理 2.38 の証明により $\mathbb{Q}(\sqrt{2},\sqrt{3})$ の $\mathbb{Q}$ 上の基底として $\{1,\sqrt{2},\sqrt{3},\sqrt{6}\}$ が取れる．つまり体 $\mathbb{Q}(\sqrt{2},\sqrt{3})$ は

$$\mathbb{Q}(\sqrt{2},\sqrt{3}) = \{a+b\sqrt{2}+c\sqrt{3}+d\sqrt{6}|a,b,c,d \in \mathbb{Q}\}$$

とあらわされ，$\mathbb{Q}(\sqrt{2},\sqrt{3})$ の元を $a+b\sqrt{2}+c\sqrt{3}+d\sqrt{6}$ とあらわす方法はただ一通りである．

応用として，$\alpha = \sqrt{2}+\sqrt{3}$ とおいたとき，α の $\mathbb{Q}$ 上の既約方程式を求めてみよう．$\alpha \in \mathbb{Q}(\sqrt{2},\sqrt{3})$ なので，命題 2.34 と同様にして α は 4 次以下の代数的数である．実際，$\alpha^2 = 2+2\sqrt{6}+3$ となるので，$\alpha^2-5 = 2\sqrt{6}$，この両辺を再び 2 乗して $\alpha^4-10\alpha^2+25 = 24$ となり，

$$\alpha^4 - 10\alpha^2 + 1 = 0$$

という，α を根に持つ方程式が見つかった．これは既約なのだろうか，それともさらに次数が低い式の積にわかれるのだろうか？ 意外な論法でこの問題を解決できる．

$\mathbb{Q}(\alpha) = \mathbb{Q}(\sqrt{2}+\sqrt{3})$ という体を考えると，これは $\mathbb{Q}(\sqrt{2},\sqrt{3})$ の部分体である．ところが α^3 を計算してみると，$11\sqrt{2}+9\sqrt{3}$ になることが確かめられる．よって $\dfrac{\alpha^3-9\alpha}{2} = \sqrt{2}$ であり，$\dfrac{11\alpha-\alpha^3}{2} = \sqrt{3}$ となる．つまり $\mathbb{Q}(\alpha)$ は $\sqrt{2}$ と $\sqrt{3}$ を含むので，$\mathbb{Q}(\sqrt{2},\sqrt{3})$ 全体を含むことがわかった．つまり逆の包含が示され，

$$\mathbb{Q}(\sqrt{2}+\sqrt{3}) = \mathbb{Q}(\sqrt{2},\sqrt{3})$$

という等号が証明された．よって $[\mathbb{Q}(\alpha) : \mathbb{Q}] = 4$ であり，定理 2.33 により α の $\mathbb{Q}$ 上の既約多項式の次数は 4 次である．よって x^4-10x^2+1 は α の既約多項式であり，x^4-10x^2+1 は $\mathbb{Q}$ 上既約で

あることが証明された．

一般に α と β が代数的数ならば，$\alpha+\beta$ や $\alpha\beta$ も代数的数になるのだろうか？ 次数公式はこんな問題にも答えてくれる．

定理 2.42

$K \subset \mathbb{C}$ は体，$\alpha, \beta \in \mathbb{C}$ がともに K 上代数的な数であれば，K と α と β を四則演算で組み合わせて作ることができる数は全て K 上代数的である．より正確に，α が K 上 d 次代数的で，β が K 上 e 次代数的であれば，K と α と β を四則演算で組み合わせて作ることができる数 γ は K 上高々 de 次の代数的数である．

[証明] K 上の α の既約多項式を $f(x)$ とし，β の既約多項式を $g(x)$ とする．$f(x)$ は d 次式であり，$g(x)$ は e 次式である．

さて，$K \subset K(\alpha)$ なので，$g(x)$ は $K(\alpha)[x]$，つまり $K(\alpha)$ の元を係数とした多項式だと考えることもできる．$g(\beta) = 0$ なので，β は $K(\alpha)$ 上でも代数的であり，その次数は高々 e 次である．したがって $\left[\bigl(K(\alpha)\bigr)(\beta) : K(\alpha)\right] \le e$ である．よって次数公式により

$$[K(\alpha, \beta) : K] = \left[\bigl(K(\alpha)\bigr)(\beta) : K(\alpha)\right] \cdot [K(\alpha) : K]$$
$$\le ed$$

となる．

仮定は $\gamma \in K(\alpha, \beta)$ ということなので，$K(\gamma) \subset K(\alpha, \beta)$ となり，部分線形空間 $K(\gamma)$ の K 上の次元は，$K(\alpha, \beta)$ の K 上の次元以下である．よって $[K(\gamma) : K] \le de$ となり，定理 2.33 により γ は K 上 de 次以下の代数的数である． □

系 2.43

$\mathbb{Q}$ 上代数的数全体がなす集合を $K \subset \mathbb{C}$ と書くと，K は体である．

第 3 章

作図への応用

　1637 年，デカルトが『幾何学』という書物を出版する．代数幾何がこの本から始まった，とされる歴史的な本だが，その出だしから，すごい．「幾何の問題はことごとく，その作図に必要な長さの線分の作図問題に帰着される．数に加減乗除と平方根があるように線分も単位長さ 1 を決めておけば，加減乗除と平方根を考えることができるのである．」作図は 2 次元の問題のように見えるが，その本質は 1 次元だと言うのだ．
　この章では，第 2 章の体の理論を踏まえて，デカルトによる作図理論を調べてみよう．驚いたことに，ギリシア 3 大作図問題のうち，倍積問題と角の 3 等分問題が解けない，ということがあっさり証明されてしまうのである．

デカルト（René Descartes, 1596–1650）

3.1 作図可能な数

まず作図のルールを決める所から始めよう．なお，本書ではコンパスと（目盛りのない）定規による作図のみを扱うことにする．

定義 3.1　作図のルール

(0) 作図の開始時点では，座標平面上に2点 $(0,0)$ と $(1,0)$ のみが与えられている．直線や円は与えられていない．

(1) 2点 P, Q が与えられていれば，その2点を結ぶ直線 $\overline{PQ}$ を与えることができる．

(2) 2点 P, Q が与えられていれば，P を中心として Q を通る円を与えることができる．

(3) 2直線 L, M が与えられており，L と M が点 P で交わるならば，点 P を与えることができる．

(4) 直線 L と円 C が与えられており，L と C が交わる（あるいは接する）ならば，その2交点（あるいは接点）を与えることができる．

(5) 2つの円 C, D が与えられており，C と D が交わる（あるいは接する）ならば，その2交点（あるいは接点）を与えることができる．

このルールに従って与えることができる点 $P(a, b)$ を作図可能な点，このルールに従って与えることができる直線 L を作図可能な直線，このルールに従って与えることができる円 C を作図可能な円，とよぶことにする．

こうして，与えられた2点 $(0,0), (1,0)$ から出発し，ルールに従ってだんだん直線や円，点を増やしていって，最終的に求める図形

を作ることが作図なのだ．では，「作図に必要な長さの線分の作図問題」にどうやって帰着されるかを調べよう．

定義 3.2
実数 $a \in \mathbb{R}$ が**作図可能な数**であるとは，点 $(a, 0)$ が作図可能な点であること．

この定義のもと，次の定理が成り立つ．

定理 3.3
点 $\mathrm{P}(a, b)$ が作図可能な点であるための必要十分条件は，a, b がともに作図可能な数となることである．

証明のために，次の補題を使う．

補題 3.4
(1) x 軸，y 軸は作図可能な直線である．

(2) $a \in \mathbb{R}$ とするとき，点 $(a, 0)$ が作図可能であるための必要十分条件は，点 $(0, a)$ が作図可能であることである．

(3) 直線 L と点 P が作図可能であるとすると，P を通る L の垂線 M_1 も作図可能である．

(4) 直線 L と点 P が作図可能であるとすると，P を通る L の平行線 M_2 も作図可能である．

[補題 3.4 の証明] (1) 最初に $(0, 0), (1, 0)$ が与えられているので，作図ルール (1) によりその 2 点を結ぶ直線 x 軸を与えることができる．また，作図ルール (2) により $(0, 0)$ を中心に $(1, 0)$ を通る円 C を与えることができる．作図ルール (4) により，円 C と x

軸の交点として $(-1,0)$ を与えることができる．作図ルール (2) により $(-1,0)$ を中心とし $(1,0)$ を通る円 C_1 と $(1,0)$ を中心とし $(-1,0)$ を通る円 C_2 を与え，作図ルール (5) により円 C_1 と円 C_2 の交点 $P(0,\sqrt{3})$ と $Q(0,-\sqrt{3})$ を与えることができる．作図ルール (1) により直線 PQ，すなわち y 軸を与えることができる．

(2) $(a,0)$ あるいは $(0,a)$ の一方が与えられたときに，もう一方を与えれば良い．作図ルール (2) により，原点 $(0,0)$ を中心に与えられた点 $(a,0)$ あるいは $(0,a)$ を通る円を与えると，作図ルール (4) によりその円と x 軸あるいは y 軸との交点としてもう一方の $(0,a)$ あるいは $(a,0)$ を与えることができる．

(3) まず作図ルールのうち直線を与えることができるのはルール (1) のみであり，直線 L が与えられているならば，必ず L 上の相異なる 2 点 Q_0, Q_1 がすでに与えられていることに注意する．その 2 点のうち P から遠い方を Q として，作図ルール (2) により P を中心として Q を通る円 C を描く（遠い方なので，C と L は 2 点以上で交わる）．作図ルール (4) により円 C と L との交点で，Q でない方の点 R を与える．Q を中心に R を通る円 C_1 と R を中心に Q を通る円 C_2 を作図ルール (2) により与え，円 C_1 と C_2 の 2 交点を作図ルール (5) により与え，作図ルール (1) によりその 2 交点を通る直線を与えると，それが P を通る L の垂線 M になる．

(4) M_1 は (3) で与えた L の垂線として，(3) により P を通る M_1 の垂線を与えることができ，それが M_2 になる． □

以下，間違う危険がない場合はどの作図ルールを使っているかは省略することにする．

[定理 3.3 の証明] まず $(a,0), (b,0)$ が与えられたとする．補題 3.4 (2) により $(0,b)$ を与えることができる．$(a,0)$ を通る x 軸の垂線と $(0,b)$ を通る y 軸の垂線の交点として $P(a,b)$ を与えることが

できる．

逆に $P(a,b)$ が与えられたとして，P を通る x 軸の垂線 $x = a$ を取ると，それと x 軸との交点は $(a,0)$ である．また P を通る y 軸の垂線 $y = b$ と y 軸との交点は $(0,b)$ であり，補題 3.4(2) により $(b,0)$ を与えることができる． □

定理 3.3 により，「どの点が作図可能な点であるか？」という問題は，「どの数が作図可能な数であるか？」という 1 次元の問題に帰着されたことになる．

次に，加減乗除と平方根の作図について述べよう．

定理 3.5

a と b が作図可能な数ならば，$a+b$, $a-b$, $a \times b$ も作図可能な数である．さらに $b \neq 0$ なら $a \div b$ も作図可能な数である．$a > 0$ なら $\sqrt{a}$ も作図可能な数である．

[証明] $(a,0)$ が作図可能なら，$(a,0)$ での x 軸の垂線と直線 $y = 1$ との交点を取って $(a,1)$ を与えることができる．$(0,1)$ と $(b,0)$ を結ぶ直線 L_1 を取り，$(a,1)$ を通る L_1 の平行線と x 軸との交点を取ればそれが $(a+b, 0)$ である．また，$(b,1)$ と $(0,0)$ を結ぶ直線 L_2 を取り，$(a,1)$ を通る L_2 の平行線と x 軸との交点を取ればそれが $(a-b, 0)$ である．

$(0,1)$ と $(a,0)$ を結ぶ直線 L_3 を取り，$(0,b)$ を通る L_3 と平行な直線と x 軸との交点 $(ab, 0)$ を与えることができる．また $b \neq 0$ ならば $(0,b)$ と $(a,0)$ を結ぶ直線 L_4 を取り，$(0,1)$ を通る L_4 と平行な直線と x 軸との交点 $(a \div b, 0)$ を与えることができる．

$(a,0)$ が与えられていれば，上記より $P\left(\dfrac{a-1}{2}, 0\right)$ を与えることができる．P を中心に $(a,0)$ を通る円を描くと，半径が $\dfrac{a+1}{2}$ な

ので，円の方程式は
$$\left(x - \frac{a-1}{2}\right)^2 + y^2 = \left(\frac{a+1}{2}\right)^2$$
なのでこれを整理して
$$x^2 - (a-1)x + y^2 = a$$
この円と y 軸との交点は $x=0$ を代入して $(0, \pm\sqrt{a})$ となり，補題 3.4(2) により $\sqrt{a}$ が作図可能な数であることがわかった． □

最初に $(1,0)$ が与えられているので，1は作図可能な数である．よって1を材料に四則演算と正の数の平方根を取る，という操作を繰り返し自由に使ってあらわされる数は，作図可能な数である．

例えば $\pm 47 = 0 \pm \overbrace{(1+1+\cdots+1)}^{47\text{個}}$ のように全ての整数は作図可能であり，よって次に割り算を使えば全ての有理数が作図可能であることがわかる．つまり「有理数を材料に，四則演算と，正の数の平方根を取る，という操作を自由に組み合わせてあらわされる数」が全て作図可能になることがわかる．例えば $\sqrt{2}, \sqrt{1+\sqrt{2}}, \sqrt{2}+\sqrt{3}$ のような数は全て作図可能である．次の定理 3.8 からわかる通り，その逆も成り立つ．まず言葉と補題を準備しておく．

定義 3.6

(1) $a \in \mathbb{R}$ がユークリッド数であるとは，a が有理数を材料に，四則演算と，正の数の平方根を取る，という操作を組み合わせてあらわされることである．ユークリッド数全体がなす集合を $\mathbb{E}$ と書く．

(2) 点 $P(a,b)$ がユークリッド点であるとは，a, b がユークリッド数であることである．

(3) 直線 L がユークリッド直線であるとは，$L : ax + by +$

$c = 0$（a, b, c はユークリッド数）というようにあらわされることである．

(4) 円 C がユークリッド円であるとは，$C : (x-a)^2 + (y-b)^2 = c$（$a, b, c$ はユークリッド数で $c > 0$）というようにあらわされることである．

補題 3.7

(1) P と Q がユークリッド点なら，P と Q を結ぶ直線はユークリッド直線である．

(2) P と Q がユークリッド点なら，P を中心とし Q を通る円はユークリッド円である．

(3) 相異なるユークリッド直線どうしが交われば，その交点はユークリッド点である．

(4) ユークリッド直線とユークリッド円が交われば（あるいは接すれば）その交点（あるいは接点）はユークリッド点である．

(5) ユークリッド円どうしが交われば（あるいは接すれば）その交点（あるいは接点）はユークリッド点である．

[証明] (1) と (2) について：P の座標は (a, b)，Q の座標は (c, d)，ただし $a, b, c, d \in \mathbb{E}$ とする．このとき，P, Q を通る直線は $(d-b)x + (a-c)y - (ad-bc) = 0$ とあらわされるのでユークリッド直線である．また P が中心で Q を通る円は $(x-a)^2 + (y-b)^2 = \left((a-c)^2 + (b-d)^2\right)$ とあらわされるのでユークリッド円である．

(3) と (4) について：ユークリッド直線が $ax + by + c = 0, dx + ey + f = 0$ とあらわされていてその交点が存在すれば，その座標は
$$(x, y) = \left(\frac{bf - ce}{ae - bd}, \frac{cd - af}{ae - bd}\right)$$

なのでユークリッド点である．ユークリッド直線 $ax + by + c = 0$ とユークリッド円 $(x-d)^2 + (y-e)^2 = f$ $(f > 0)$ が交われば（接すれば），その交点（接点）は

$$(x, y) = (d, e) - \frac{ad + be + c}{a^2 + b^2}(a, b)$$
$$\pm \frac{\sqrt{(a^2 + b^2)f - (ad + be + c)^2}}{a^2 + b^2}(-b, a)$$

となり，円が交わる場合はルートの中が正（円が接する場合はルートの中が 0）となるので，ユークリッド点である．

(5) について：ユークリッド円 $(x-a)^2 + (y-b)^2 = c$ と $(x-d)^2 + (y-e)^2 = f$ が交われば（接すれば），その交点（あるいは接点）では

$$0 = \left((x-a)^2 + (y-b)^2 - c\right) - \left((x-d)^2 + (y-e)^2 - f\right)$$
$$= (2d - 2a)x + (2e - 2b)y + (a^2 + b^2 - c - d^2 - e^2 + f)$$

が成り立つので，交点，接点はユークリッド円 $(x-a)^2 + (y-b)^2 = c$ とユークリッド直線 $(2d-2a)x + (2e-2b)y + (a^2 + b^2 - c - d^2 - e^2 + f) = 0$ との交点あるいは接線となり，(4) よりユークリッド点である． □

定理 3.8

$a \in \mathbb{R}$ が作図可能な数であるための必要十分条件は，$a \in \mathbb{E}$ となることである．

[証明] 定理 3.5 により，ユークリッド数は作図可能な数なので，逆に作図可能な数がユークリッド数に限られることを示せば良い．そのために，作図される点がユークリッド点に限られることを示

そう．作図の最初にはユークリッド点 $(0,0)$ と $(1,0)$ が与えられているのみであり，直線や円は与えられていない．以下，作図を続けていくときに，補題 3.7 により，ユークリッド点，ユークリッド直線，ユークリッド円を材料に，作図ルール (1) 〜 (5) で許される操作のみで新しい点，直線，円を与えると，それは全てユークリッド点，ユークリッド直線，あるいはユークリッド円に限られることがわかる．いわばユークリッドなんとか，という集合は作図に関して閉じているのである．

よって作図によって得られる点はユークリッド点のみであり，特に作図可能な点はユークリッド点のみ，つまりその座標はユークリッド数に限られる．特に実数 $a \in \mathbb{R}$ に対して，$(a,0)$ が作図可能ならば，$a \in \mathbb{E}$ となる．すなわち作図可能な数とはユークリッド数に他ならない，ということがわかった． □

よって，点 $\mathrm{P}(a,b)$ が作図可能かどうかは，座標 a,b が有理数を材料に加減乗除と正の数の平方根のみを使ってあらわされるかどうかで判定できる，というわけだ．a,b がそうやってあらわされるならば，定理 3.3 と定理 3.5 に従ってその点 P を作図できるし，逆に作図で許された操作を方程式であらわすと高々 2 次方程式しか出て来ない．よって，もし点 $\mathrm{P}(a,b)$ が作図できるならば，その点の座標は有理数から始めて何度か 2 次以下の方程式を解くことで求められるので，a,b は有理数を材料に加減乗除と正の数の平方根を使ってあらわすことができるのである．

3.2　倍積問題

コンパスと（目盛りのない）定規による作図は古代ギリシアで深く研究され，正 5 角形の作図など大きな成果を出した．一方で，次のような問題を解く作図法は見つからず，三大作図問題，と言われた．

(1) （倍積問題）立方体が与えられたとして，その 2 倍の体積を持つ立方体を作図せよ．
(2) （角の三等分問題）角 ABC が与えられたとして，その角度を 3 等分せよ．
(3) （円積問題）円が与えられたとき，それと同じ面積の正方形を作図せよ．

これらの問題も，1 次元の問題に帰着することができる．すなわち，倍積問題は $\sqrt[3]{2}$ が作図できれば解けるし，角の三等分問題は，$\cos\theta$ が与えられて，$\cos\dfrac{\theta}{3}$ を作図する，という問題だと解釈できる．また円積問題は $\sqrt{\pi}$ を作図する問題になる．

この節では，$\sqrt[3]{2}$ がユークリッド数 $\mathbb{E}$ に入らないことを示し，それによって倍積問題がコンパスと定規では解けない，ということを証明しよう．

命題 3.9

$\alpha \in \mathbb{R}$ がユークリッド数であったとする，すなわち有理数を材料に，加減乗除と正の数の平方根を組み合わせた式によって α をあらわすことができるとする．このとき，体の列

$$\mathbb{Q} = K_0 \subset K_1 \subset \cdots \subset K_r \subset \mathbb{R}$$

で $\alpha \in K_r$ を満たし，しかも $[K_{i+1} : K_i] = 2$ かあるいは $K_{i+1} = K_i$ が成り立つようなものが存在する．

[証明] α がユークリッド数であるとは，有理数を材料に，四則演算と正の数の平方根を組み合わせて α をあらわすことができる，ということである．そのあらわしかたを考えてみると，「計算途中の値」の列 $\beta_1, \beta_2, \ldots, \beta_r$ を作ることができて，この列は次のような性質を持つことがわかる．

(1) 各 β_i は，$a, b \in \mathbb{Q} \cup \{\beta_1, \ldots, \beta_{i-1}\}$ により $\beta_i = a+b$ あるいは $\beta_i = a-b$ あるいは $\beta_i = a \times b$，あるいは $b \neq 0$ で $\beta_i = a/b$ とあらわされるか，あるいは $c \in \mathbb{Q} \cup \{\beta_1, \ldots, \beta_{i-1}\}, c > 0$ により $\beta_i = \sqrt{c}$ とあらわされる．

(2) $\beta_r = \alpha$ である．例えば $\alpha = \dfrac{\sqrt{1+2\sqrt{2}}-1}{1-\sqrt{3}}$ という数だと

(a) $\beta_1 = \sqrt{2}$
(b) $\beta_2 = 2\beta_1 = 2\sqrt{2}$
(c) $\beta_3 = 1 + \beta_2 = 1 + 2\sqrt{2}$
(d) $\beta_4 = \sqrt{\beta_3} = \sqrt{1+2\sqrt{2}}$
(e) $\beta_5 = \beta_4 - 1 = \sqrt{1+2\sqrt{2}} - 1$
(f) $\beta_6 = \sqrt{3}$
(g) $\beta_7 = 1 - \beta_6 = 1 - \sqrt{3}$
(h) $\beta_8 = \beta_5/\beta_7 = \alpha$

というように順に計算できるわけだ．もちろん β_7 と β_5 のどちらを先に計算しなくてはならない，というルールはないので，計算の仕方によって β_i は異なる．番号付けだけでなく，例えば $\alpha = \sqrt{2} + \sqrt{3} + \sqrt{5}$ だと，$\alpha = (\sqrt{2} + \sqrt{3}) + \sqrt{5}$ と解釈するか，$\alpha = \sqrt{2} + (\sqrt{3} + \sqrt{5})$ と解釈するかによって相異なる β_i (特に β_3 の値が，前者だと $\beta_3 = \sqrt{2} + \sqrt{3}$，後者だと $\beta_3 = \sqrt{3} + \sqrt{5}$) があらわれることになる．

計算の順番をひとつ固定すれば，それに従って β_i の列を作ることができるので，それによって体 K_i を $K_i = \mathbb{Q}(\beta_1, \beta_2, \ldots, \beta_i)$ と定めることにする．つまり，$K_i = K_{i-1}(\beta_i)$ として帰納的に定めていく．作り方から明らかに $\mathbb{Q} = K_0 \subset K_1 \subset \cdots \subset K_r \ni \alpha$ である．β_i を計算するときに $\beta_i = a+b, a-b, a \times b, a/b$（ただし $a, b \in \mathbb{Q} \cup \{\beta_1, \ldots, \beta_{i-1}\} \subset K_{i-1}$）のどれかならば，$\beta_i \in K_{i-1}$ なので $K_i = K_{i-1}$ となる．

また $\beta_i = \sqrt{c}, c \in \mathbb{Q} \cup \{\beta_1, \ldots, \beta_{i-1}\}$ の場合，もし $\beta_i \in K_{i-1}$ ならばやはり $K_i = K_{i-1}$ である．一方 $\beta_i \notin K_{i-1}$ ならば $K_i = K_{i-1}(\sqrt{c})$ において，$\beta_i = \sqrt{c}$ の K_{i-1} 上の既約多項式は $x^2 - c$ なので，$[K_i : K_{i-1}] = 2$ となる．$K_{i-1} \subsetneq K_i$ のとき，$\beta_i = \sqrt{c}$ であるが，$c > 0$ なので $\beta_i \in \mathbb{R}$ である．

よって新たに付け加えられる数は全て実数であり，$K_r \subset \mathbb{R}$ となる．以上より，こうやって作った体の列が条件を満たすことがわかった． □

系 3.10

(1) 実数 α が作図可能な数であれば，α は $\mathbb{Q}$ 上代数的な数であり，その次数は 2^d という形である．

(2) $\sqrt[3]{2}$ は作図可能な数ではない．

(3) 倍積問題は，コンパスと（目盛りのない）定規だけでは解けない．

[証明] (1) 作図可能な数（定理 3.8 によりユークリッド数）α に対して，命題 3.9 のような体の列を取る．同じ体が続くところは省いて

$$\mathbb{Q} = K_0 = K_{i_0} \subsetneq K_{i_1} \subsetneq K_{i_2} \subsetneq K_{i_t} = K_r \ni \alpha$$

とする．命題 3.9 により $[K_{i_{j+1}} : K_{i_j}] = 2$ なので，次数公式により $[K_r : K_0] = [K_{i_t} : K_{i_0}] = 2^t$ である．$\{1, \alpha, \alpha^2, \ldots, \alpha^{2^t}\}$ は $\mathbb{Q}$ 上 2^t 次元線形空間の中の $2^t + 1$ 個の元なので，$\mathbb{Q}$ 上一次従属．すなわち全ては 0 でない有理数の組 $a_0, a_1, \ldots, a_{2^t}$ が存在して $a_0 + a_1\alpha + \cdots + a_{2^t}\alpha^{2^t} = 0$ という等式が成立する．すなわち α は $\mathbb{Q}$ 上代数的である．

$\mathbb{Q} \subset \mathbb{Q}(\alpha) \subset K_r$ に対して次数公式を使うと

$$2^t = [K_r : K_0] = [K_r : \mathbb{Q}(\alpha)] \cdot [\mathbb{Q}(\alpha) : \mathbb{Q}]$$

となる．よって $[\mathbb{Q}(\alpha) : \mathbb{Q}]$ は 2^t の約数であり，ある整数 $d \geq 0$ により $[\mathbb{Q}(\alpha) : \mathbb{Q}] = 2^d$ とあらわされる．定理 2.33 により，これは α が $\mathbb{Q}$ 上 2^d 次の代数的数であることを示す．

(2) 例 2.14 で見たように $x^3 - 2$ は $\mathbb{Q}$ 上既約であったので，$[\mathbb{Q}(\sqrt[3]{2}) : \mathbb{Q}] = 3$ である．3 は 2 のベキではないので，(1) より $\sqrt[3]{2}$ は作図可能な数ではない．

(3) コンパスと定規で立体の作図はできないが，倍積問題は「立方体の一辺の長さ A が与えられたとして，その 2 倍の体積を持つ立方体の一辺の長さを持つ線分を作図せよ」と解釈される．つまり，A が与えられた時に，$\sqrt[3]{2}A$ を作図せよ，ということだ．もしそのような作図ができるならば，定理 3.5 により $(\sqrt[3]{2}A) \div A = \sqrt[3]{2}$ が作図可能な数となる．しかしこれは (2) と矛盾する． □

注意 3.11

系 3.10(1) により，$\alpha \in \mathbb{R}$ が作図可能な数ならば，α は $\mathbb{Q}$ 上代数的で，その次数は 2^d という形をしているが，逆は必ずし

も成り立たない．整数係数の4次方程式をフェラーリの方法で解くと，途中で3次方程式が出てくるが，解をあらわすために3乗根を避けることができない場合があるのである．

3.3　多項式の既約性判定法と角の三等分

「角の三等分ができる」とは，どんな角を与えられても，それを三等分できる，ということだ．したがって，三等分できない角度をひとつ見つければそれで角の三等分の不可能性が示されることになる．この節では，$60°$ という角度が三等分できないことを示すことが目標である．$2\cos 20°$ の $\mathbb{Q}$ 上の代数的数としての次数が3になることさえ示されれば，あとは前節と同様に結論できるが，そのためには $x^3 - 3x + 1$ が $\mathbb{Q}$ 上既約になることを示さなくてはならない．必要な道具としてガウスの補題を準備する．

定理3.12　ガウスの補題

　整数係数の多項式 $F(x) = a_0 + a_1 x + \cdots + a_n x^n$ が，有理数係数の多項式 $g(x), h(x) \in \mathbb{Q}[x]$ の積としてあらわされているとする：$F(x) = g(x)h(x)$. すると，有理数 $a \in \mathbb{Q}$ をうまく取れば $G(x) := ag(x)$ と $H(x) := h(x)/a$ がともに整数係数になる．つまり $F(x)$ は整数係数の多項式 $G(x)$ と $H(x)$ の積としてあらわされ，$G(x)$ の次数は $g(x)$ の次数と等しく，$H(x)$ の次数は $h(x)$ の次数に等しい．

[証明]　まず，次の補題を証明する．

補題 3.13

$F(x) = a_0 + a_1 x + \cdots + a_n x^n$ は整数係数の多項式で，全ての係数 a_i は素数 p の倍数であるとする．$F(x)$ が整数係数の多項式 $G(x)$ と $H(x)$ の積としてあらわされるとする．すなわち $F(x) = G(x)H(x)$ とすると，$G(x)$ と $H(x)$ のうち少なくとも一方の多項式の係数が全て p の倍数である．

[補題 3.13 の証明] 背理法を用いる．$G(x)$，$H(x)$ のいずれも，p の倍数でない係数があるとする．$G(x) = b_0 + b_1 x + \cdots + b_k x^k$，$H(x) = c_0 + c_1 x + \cdots + c_\ell x^\ell$ とし，それぞれ p の倍数でない係数のうち最も低次のものを b_s, c_t とおく．つまり $b_0, b_1, \ldots, b_{s-1}$ と $c_0, c_1, \ldots, c_{t-1}$ は全て p の倍数であり，b_s, c_t は p の倍数でないと仮定する．すると $G(x)H(x)$ の $s+t$ 次の係数 a_{s+t} は

$$a_{s+t} = \overbrace{b_0 c_{s+t} + \cdots + b_{s-1} c_{t+1}}^{b_0, \ldots, b_{s-1} \text{ が } p \text{ の倍数}} + b_s c_t + \overbrace{b_{s+1} c_{t-1} + \cdots + b_{s+t} c_0}^{c_{t-1}, \ldots, c_0 \text{ が } p \text{ の倍数}}$$

とあらわされる（ただし b_i, c_j は次数を超えたところでは 0 と解釈する）．移項して

$$b_s c_t = a_{s+t} - (b_0 c_{s+t} + \cdots + b_{s-1} c_{t+1})$$
$$- (b_{s+1} c_{t-1} + \cdots + b_{s+t} c_0)$$

となるが，左辺は p の倍数でない数どうしの積なので p の倍数でなく，一方，右辺は p の倍数の和なので，p の倍数となる．これは矛盾． □

$F(x) = g(x)h(x)$ において，$g(x)$ の係数の分母全体の最大公倍数を A とし，$h(x)$ の係数の分母全体の最大公約数を B とする．すると $Ag(x)$ と $Bh(x)$ はともに整数係数の多項式となる．よって N

$= AB$ とおくと，$NF(x) = (Ag(x))(Bh(x))$ となり，$NF(x)$ は整数係数の多項式の積としてあらわされる．

ここで $N = p_1 p_2 \ldots, p_k$ を N の素因数分解とする（同じ素数が重複してあらわれることも許す）．すると補題 3.13 により，それぞれの p_i を $Ag(x)$ あるいは $Bh(x)$ のどちらかとキャンセルして，整数係数のままで両辺を p_i で割り算することができる．こうやって p_1 から p_k まで全てキャンセルしたとき，$Ag(x)$ の方でキャンセルした素数を $p_{i_1}, \ldots, p_{i_u}$ とすると，$a = \dfrac{A}{p_{i_1} p_{i_2} \cdots p_{i_u}}$ とおけば $ag(x) = \dfrac{1}{p_{i_1} p_{i_2} \cdots p_{i_u}} Ag(x)$ は整数係数である．同様に $Bh(x)$ の方でキャンセルした素数を $p_{j_1}, \ldots, p_{j_v}$ として $b = \dfrac{B}{p_{j_1} \cdots p_{j_v}}$ とおけば $bh(x) = \dfrac{1}{p_{j_1} \cdots p_{j_v}} Bh(x)$ も整数係数である．$(p_{i_1} p_{i_2} \cdots p_{i_u})(p_{j_1} \cdots p_{j_v}) = N = AB$ なので，$ab = 1$，つまり $b = \dfrac{1}{a}$ であり，定理が証明された． □

系 3.14

$F(x) = a_0 + a_1 x + \cdots + a_n x^n$ は整数係数の多項式とする．

(1) $F(x)$ が $n-1$ 次以下の整数係数の多項式 2 つの積としてあらわすことができないならば（つまり整数係数の多項式として既約ならば），有理数係数でも $n-1$ 次以下の多項式の積としてあらわすことはできない（つまり有理数係数の多項式として既約である）．

(2) $F(x)$ が有理数解を持つとすると，その有理数解を既約分数で $\dfrac{b}{c}$ とあらわしたとき，b は a_0 の約数であり，c は a_n の約数である．

(3) a_0 の約数 b と a_n の約数 c をどのようにとっても $F\left(\dfrac{b}{c}\right)$

$\neq 0$ ならば, $F(x) = 0$ は有理数解を持たない.

(4) $F(x) = a_0 + a_1 x + \cdots + a_n x^n$ が 3 次以下 (つまり $n \leq 3$) で, a_0 の約数 b と a_n の約数 c をどのようにとっても $F\left(\dfrac{b}{c}\right) \neq 0$ ならば, $F(x)$ は既約である.

[証明] (1) $F(x)$ が $n-1$ 次以下の有理数係数の多項式 $g(x)$ と $h(x)$ の積として $F(x) = g(x)h(x)$ とあらわされたとすれば, 定理 3.12 により整数係数で $F(x) = G(x)H(x)$ とあらわすこともでき, $G(x), H(x)$ の次数も $n-1$ 次以下なので, 仮定に反する.

(2) $F(x)$ が有理数解 $\dfrac{b}{c}$ を持てば, $F(x)$ は $x - \dfrac{b}{c}$ で割り切れる, つまり有理数係数多項式 $h(x)$ が存在して $F(x) = \left(x - \dfrac{b}{c}\right) h(x)$ となる. 定理 3.12 により, 有理数 α により $F(x) = \left(\alpha x - \dfrac{\alpha b}{c}\right) \dfrac{h(x)}{\alpha}$ とあらわされ, $\alpha x - \dfrac{\alpha b}{c}$ と $\dfrac{h(x)}{\alpha}$ はともに整数係数である. 特に α は整数で, c の倍数になる. $\dfrac{h(x)}{\alpha} = H(x) = h_0 + h_1 x + \cdots + h_{n-1} x^{n-1}$ とあらわすと, 各 h_i は整数である. $F(x) = \left(\alpha x - \dfrac{\alpha b}{c}\right) H(x)$ を展開して最高次係数と定数項を調べると

$$\begin{cases} a_n = \alpha h_{n-1} \\ a_0 = h_0 \dfrac{\alpha}{c} b \end{cases}$$

となるので a_n は α の倍数 (よって c の倍数), a_0 は b の倍数であることが確かめられた.

(3) (2) により, $F(x) = 0$ の有理数解 $\dfrac{b}{c}$ は b が a_0 の約数, c が a_n の約数となるようなものしかないので, そのような有理数 $\dfrac{b}{c}$ が全て解でなければ, $F(x) = 0$ は有理数解を持たない.

(4) 3 次以下の多項式 $F(x)$ が, より次数が低い 2 つの有理数係

数多項式の積としてあらわされると，少なくとも一方が 1 次式になるので $F(x)$ が有理数解を持つことになる．(3) より，この条件のもとでは $F(x)$ は有理数解を持たないので，既約である． □

これで次の定理を証明する準備ができた．

定理 3.15
(1) $2\cos 20°$ の $\mathbb{Q}$ 上の既約多項式は $x^3 - 3x - 1$ である．
(2) 角の三等分はコンパスと定規では作図できない．

[証明] 3 倍角の公式 $\cos 3\theta = 4\cos^3\theta - 3\cos\theta$ に $\theta = 20°$ を代入すると $\frac{1}{2} = 4\cos^3 20° - 3\cos 20°$ となり，両辺 2 倍して
$$1 = (2\cos 20°)^3 - 3(2\cos 20°)$$
を得る．$\alpha = 2\cos 20°$ とおくと $1 = \alpha^3 - 3\alpha$ なので $\alpha = 2\cos 20°$ は $x^3 - 3x - 1 = 0$ の根である．

$x^3 - 3x - 1$ が $\mathbb{Q}$ 上既約であることを示す．系 3.14(4) により ± 1 がこの多項式の根になっていないことを確かめればよいが，代入すれば $1^3 - 3 \cdot 1 - 1 = -3, (-1)^3 - 3(-1) - 1 = 1$ なのでたしかに解になっていない．よって $x^3 - 3x - 1$ は $\mathbb{Q}$ 上既約であり，$2\cos 20°$ の既約多項式となる．

次に (2) を示す．(1) より $[\mathbb{Q}(2\cos 20°) : \mathbb{Q}] = 3$ なので，系 3.10 (2) と同様にして $2\cos 20°$ は（よって $\cos 20°$ も）作図可能な数ではない．もしも角の三等分線がコンパスと定規で作図できれば，$2\cos 20°$ が作図できてしまうことを示せば良い．

作図の初期状態 $\mathrm{O}(0,0), \mathrm{P}(1,0)$ が与えられた状態から，$\mathrm{O}(0,0)$ を中心に $\mathrm{P}(1,0)$ を通る円 C_1 を描く．次に，$\mathrm{P}(1,0)$ を中心に $\mathrm{O}(0,0)$ を通る円 C_2 を描く．ここで，C_1 と C_2 の交点 $\mathrm{Q}\left(\frac{1}{2}, \frac{\sqrt{3}}{2}\right)$

を取って角 QOP を見ると $60°$ なので,もし $60°$ を三等分できるならば,原点 $O(0,0)$ から傾き $20°$ の直線 L を与えることができる.原点 $O(0,0)$ を中心に $(2,0)$ を通る円 C_3 を描き,第一象限の中での L との交点を求めると,$(2\cos 20°, 2\sin 20°)$ を与えることができるはずである.定理 3.3 により,このとき $2\cos 20°$ は作図可能な数になってしまう. □

3.4 円積問題

これで三大作図問題のうち,倍積問題と角の三等分問題が不可能であることが示された.残るひとつは円積問題である.この証明の本質部分はリンデマンの定理であるが,本書とかなり趣の違う数学が使われるのでここでは証明しない.簡単に歴史だけ紹介しておこう.1873 年にエルミートが自然対数の底 e が超越数であることを証明する.正確には,次のような定理を証明した.

定理 3.16 **エルミート 1873 年**

$a_1, a_2, \ldots, a_n$ が相異なる整数なら,$\{e^{a_1}, e^{a_2}, \ldots, e^{a_n}\}$ は $\mathbb{Q}$ 上線形独立である.つまり,有理数 $b_1, b_2, \ldots, b_n \in \mathbb{Q}$ が $b_1 e^{a_1} + b_2 e^{a_2} + \cdots + b_n e^{a_n} = 0$ を満たすならば $b_1 = b_2 = \cdots = b_n = 0$ である.

この結果を,リンデマンが次のように改良する.

定理 3.17　リンデマン 1882 年

$K \subset \mathbb{C}$ は $\mathbb{Q}$ 上代数的数全体がなす体とする（系 2.43 参照）．$a_1, a_2, \ldots, a_n$ が相異なる K の元なら，$\{e^{a_1}, e^{a_2}, \ldots, e^{a_n}\}$ は K 上線形独立である．つまり，$b_1, b_2, \ldots, b_n \in K$ で $b_1 e^{a_1} + b_2 e^{a_2} + \cdots + b_n e^{a_n} = 0$ ならば $b_1 = b_2 = \cdots = b_n = 0$ である．

リンデマンの定理を認めれば，円積問題が不可能であることがわかる．

系 3.18

(1) $\sqrt{\pi}$ は作図可能な数ではない．
(2) 円積問題は，コンパスと定規では解けない．

[証明]　まず有名なオイラーの公式 $e^{\pi i} = -1$ を思い出そう．π が代数的数，つまり $\pi \in K$ と仮定して，背理法を用いる．

$x^2 + 1 = 0$ の解 i も代数的数なので定理 2.42 により πi も K の元になる．$\{0, \pi i\}$ に対してリンデマンの定理 3.17 を適用して $b_1 e^0 + b_2 e^{\pi i} = 0$ となるのは $b_1 = b_2 = 0$ の場合に限られるはずだが，$e^{\pi i} = -1$ なので $b_1 = b_2 = 1$ の場合も $e^0 + e^{\pi i} = 0$ となってしまい，矛盾．よって π は超越数であることがわかる．系 3.10 により作図可能な数は代数的数なので，π は作図可能な数ではない．$\sqrt{\pi} \in \mathbb{E}$ なら $(\sqrt{\pi})^2 = \pi$ も $\mathbb{E}$ に含まれるはずなので，$\sqrt{\pi}$ も作図可能な数ではない．

もし円積問題が解けるようであれば，作図の開始時点から $(0,0)$ を中心とする半径 1 の円を描き，それと同じ面積の正方形を作図すると，その一辺は $\sqrt{\pi}$ となる．よって $\sqrt{\pi}$ が作図されてしまい，(1) に矛盾．よって円積問題はコンパスと定規では解けない．　□

第4章

ガロア理論の基本定理

　この章では，いよいよガロア理論の基本定理をご紹介する．これまでバラバラだった体が，準同型によって互いにつながり合う．体の準同型の構成は，手間がかかるし抽象的だが，これを理解しないとガロア理論は見えてこない．歯を食いしばって体の準同型を理解してしまえば，体の自分自身への準同型の全体としてガロア群が姿をあらわし，基本定理も自然に記述できる．これまで「次数」という数でしか捉えられなかった体の拡大が，群というより精密な構造として捉えられるようになるのである．

ガロア（Évariste Galois, 1811-1832）

4.1 体の準同型

　何か構造を持つ集合において，その構造を保つような写像というものは，重要な役割を果たすことが多い．距離空間や位相空間では連続写像を考えることが大事だし，実数から実数への，順序を保つような写像は単調増加関数とよばれ，これも重要な概念であることは読者の皆様は良くご存知のことであろう．演算を持つような体系，すなわち代数系において，その演算を保つような写像は（正確な定義は微調整が加わることもあるが）準同型と呼ばれ，これはガロア理論において本質的な役割を果たすことになる．この章では，加減乗除を持つ代数系，すなわち体の準同型を研究し，ガロアの基本定理に向かって進むことにしよう．

定義 4.1

　$K, L \subset \mathbb{C}$ は体とし，$\varphi : K \to L$ は写像であるとする．φ が体の準同型であるとは，次の5条件を満たすことである．

(1) φ は加法を保つ．すなわち $a, b \in K$ に対し $\varphi(a+b) = \varphi(a) + \varphi(b)$ が成り立つ．

(2) φ は減法を保つ．すなわち $a, b \in K$ に対し $\varphi(a-b) = \varphi(a) - \varphi(b)$ が成り立つ．

(3) φ は乗法を保つ．すなわち $a, b \in K$ に対し $\varphi(ab) = \varphi(a)\varphi(b)$ が成り立つ．

(4) φ は除法を保つ．すなわち $a, b \in K$ で $b \neq 0$ ならば $\varphi(b) \neq 0$ であり，$\varphi(a \div b) = \varphi(a) \div \varphi(b)$ である．

(5) φ は乗法の単位元 1 を保つ．すなわち $\varphi(1) = 1$ である．

体の準同型 $\varphi : K \to L$ がさらに全単射であるとき，$\varphi : K \to L$ を体の同型写像と呼ぶ．

系 4.2

$K, L, M \subset \mathbb{C}$ は体とし，$\varphi: K \to L$ と $\psi: L \to M$ が体の準同型ならば，その合成 $\psi \circ \varphi: K \to M$ はやはり体の準同型である．

[証明] 体の準同型の定義が「～を保つ」という方法で定義されていることから，明らかである．例えば $a, b \in K$ に対し

$$\begin{aligned}(\psi \circ \varphi)(a+b) &= \psi\bigl(\varphi(a+b)\bigr) \quad \text{（合成写像の定義）}\\ &= \psi\bigl(\varphi(a)+\varphi(b)\bigr) \quad \text{（φ は加法を保つから）}\\ &= \psi(\varphi(a))+\psi(\varphi(b)) \quad \text{（ψ は加法を保つから）}\\ &= (\psi \circ \varphi)(a) + (\psi \circ \varphi)(b) \quad \text{（合成写像の定義）}\end{aligned}$$

つまり，φ と ψ が伝言ゲームのように加法を保ち続けるので，両方合成しても保たれている，という仕組みだ．残りの 4 つの公理についても同様である． □

定義 4.1 は，「体の準同型とは四則演算を保つものである」とする哲学をそのまま言葉にしたもので，実は無駄も多い．これから「体の準同型になる」ということを確かめる時に，不要な条件もチェックするのは時間の無駄なので，どれを確かめれば十分か，調べておこう．

まず公理 (1) $\varphi(a+b) = \varphi(a) + \varphi(b)$ が成り立っていれば，φ は加法群 K から加法群 L への群準同型となる．群準同型は自動的に単位元 0 と逆元を保つので，加法を保てば減法も自動的に保つ．よって公理 (2) は不要である．

同様に，もし「$a \in K$ が $a \neq 0$ なら $\varphi(a) \neq 0$」という条件が満たされていれば，$\varphi: K \backslash \{0\} \to L \backslash \{0\}$ は公理 (3) が成り立つ

という条件のもとで乗法群の準同型となるので，除法と 1 を保つ．すなわち公理 (4) と (5) が，公理 (3) と「$a \in K$ が $a \neq 0$ なら $\varphi(a) \neq 0$」から従う．しかし実は，公理 (3) と公理 (5) から条件「$a \in K$ が $a \neq 0$ なら $\varphi(a) \neq 0$」が従うのだ．実際，もし公理 (3) と (5) が成り立っていて，しかも $a \in K$ が $a \neq 0$ なのに $\varphi(a) = 0$ となったとしよう．

$$
\begin{aligned}
1 &= \varphi(1) \quad \text{（公理 (5)）} \\
&= \varphi\left(a \cdot \frac{1}{a}\right) \quad \left(a \neq 0 \text{ なので } \frac{1}{a} \in K\right) \\
&= \varphi(a) \cdot \varphi\left(\frac{1}{a}\right) \quad \text{（公理 (3)）} \\
&= 0 \cdot \varphi\left(\frac{1}{a}\right) \quad (\varphi(a) = 0 \text{ と仮定した}) \\
&= 0
\end{aligned}
$$

となり，$1 = 0$ となるので矛盾．この矛盾は公理 (3), (5) のもと，$a \neq 0$ なのに $\varphi(a) = 0$ としたことからおこったので，実際には $a \neq 0$ ならば $\varphi(a) \neq 0$ となる．つまり公理 (3) と公理 (5) のもとで，K の 0 でない元は L の 0 でない元へうつり，特に公理 (4) は自動的に成り立つことがわかった．公理 (5) は $\varphi(1) = 1$ を確かめるだけなので，簡単にチェックでき，便利である．以上をまとめて次の命題が得られる．

命題 4.3

$K, L \subset \mathbb{C}$ が体であるとき，写像 $\varphi : K \to L$ が体の準同型であるための必要十分条件は φ が定義 4.1 の公理 (1), (3), (5) を満たすことである．$\varphi : K \to L$ が体の準同型の時，$a \in K$ が $a \neq 0$ なら $\varphi(a) \neq 0$ であり，φ は単射である．

[証明] まだ示していないのは，φ の単射性である．$a, b \in K$ に対して $\varphi(a) = \varphi(b)$ なら公理 (2) により $\varphi(a-b) = \varphi(a) - \varphi(b) = 0$ となる．ところが，$a - b \neq 0$ なら $\varphi(a-b) \neq 0$ となるはずなので，こうなるのは $a - b = 0$ の場合のみ，すなわち $a = b$ の時のみ $\varphi(a) = \varphi(b)$ となるので，φ の単射性が示された． □

次に体の準同型の例を見ることにしよう．$K, L \subset \mathbb{C}$ で K が L の部分集合，つまり $K \subset L$ であれば，K の元を自然に L の元と見なす写像 $\varphi : K \to L$（このような写像を包含写像と呼ぶ）は体の準同型である．K の元と見なして加減乗除を計算しても L の元と見なして加減乗除を計算しても同じなので，これは明らかであろう．

例 4.4

$K = L = \mathbb{C}$ とし，K の元を実数 a, b によって $a + b\sqrt{-1}$ とあらわす．

$$\varphi(a + b\sqrt{-1}) := a - b\sqrt{-1}$$

と定義すると φ は体の準同型（さらに強く，体の同型）写像である．

φ が公理 (1), (3), (5) を満たすことを確かめよう．
$$\begin{aligned}
\varphi\big((a + b\sqrt{-1}) + (c + d\sqrt{-1})\big) &= (a + c) - (b + d)\sqrt{-1} \\
&= (a - b\sqrt{-1}) + (c - d\sqrt{-1}) \\
&= \varphi(a + b\sqrt{-1}) + \varphi(c + d\sqrt{-1})
\end{aligned}$$

$$\varphi\big((a+b\sqrt{-1})(c+d\sqrt{-1})\big) = \varphi\big((ac-bd)+(ad+bc)\sqrt{-1}\big)$$
$$= (ac-bd)-(ad+bc)\sqrt{-1}$$
$$= (a-b\sqrt{-1})(c-d\sqrt{-1})$$
$$= \varphi(a+b\sqrt{-1})\varphi(c+d\sqrt{-1})$$
$$\varphi(1) = \varphi(1+0\sqrt{-1}) = 1-0\sqrt{-1} = 1$$

以上より，φ は四則演算と 1 を保ち，体の準同型となることが確かめられた．

φ は複素共役を取る写像であり，複素平面上で見ると実軸に関する上下反転だと考えることができる．実数の世界から複素数の世界に拡張するときに，$\sqrt{-1}$ と $-\sqrt{-1}$，ともに 2 乗すると -1 になるような数なので，どちらを虚数単位 i にするかという不定性，あるいは対称性がある．複素共役という体の同型は，その対称性の反映と見ることができる．

次の例を見てみよう．

例 4.5

体 $\mathbb{Q}(\sqrt{2})$ の元は $a+b\sqrt{2}$（ただし $a,b \in \mathbb{Q}$）とただ一通りにあらわされるのであった（本質的に定理 2.4）．そこで $\psi:\mathbb{Q}(\sqrt{2}) \to \mathbb{Q}(\sqrt{2})$ を $\psi(a+b\sqrt{2}) := a-b\sqrt{2}$ と定義する．すると $\psi:\mathbb{Q}(\sqrt{2}) \to \mathbb{Q}(\sqrt{2})$ は体の準同型（さらに強く，体の同型）である．

この場合も，公理 (1), (3), (5) を確かめれば良い．

$$\psi\big((a+b\sqrt{2})+(c+d\sqrt{2})\big) = (a+c)-(b+d)\sqrt{2}$$
$$= (a-b\sqrt{2})+(c-d\sqrt{2})$$
$$= \psi(a+b\sqrt{2})+\psi(c+d\sqrt{2})$$

$$\psi\big((a+b\sqrt{2})(c+d\sqrt{2})\big) = \psi\big((ac+2bd)+(ad+bc)\sqrt{2}\big)$$
$$= (ac+2bd)-(ad+bc)\sqrt{2}$$
$$= (a-b\sqrt{2})(c-d\sqrt{2})$$
$$= \psi(a+b\sqrt{2})\psi(c+d\sqrt{2})$$
$$\psi(1) = \psi(1+0\sqrt{2}) = 1-0\sqrt{2} = 1$$

よって，この ψ も体の（準）同型となる．

ψ が定める $\mathbb{Q}(\sqrt{2}) \to \mathbb{Q}(\sqrt{2})$ は，$\mathbb{R}$ からの誘導位相で見て連続写像ではない．例えば数列 $(1-\sqrt{2})^n$ は 0 に収束するが，$\psi\big((1-\sqrt{2})^n\big) = (1+\sqrt{2})^n$ は無限大に発散し，$\psi(0) = 0$ には収束しない．よって ψ のグラフを滑らかに描く，なんてことはできないが，上記の代数計算を見てもらうとわかるように，$x^2 = 2$ の解として $\sqrt{2}$ と $-\sqrt{2}$ の 2 通りがあり，そのどちらを取るかという対称性をあらわしていると思うことができる．代数的に「$\sqrt{2}$ 軸を上下反転させる」ような代数的対称性を反映していると見なせそうである．

4.2 $K(\alpha)$ からの K 上の体の準同型

定義 4.6

$K, L, M \subset \mathbb{C}$ は体であるとし，K は L, M の両方に含まれているとする．つまり $K \subset L$, $K \subset M$ とする．体の準同型 $\varphi : L \to M$ が K 上の準同型であるとは，φ が K の元を動かさないこと，つまり $c \in K$ ならば $\varphi(c) = c$ となることである．

複素共役写像 $\varphi(a+b\sqrt{-1}) = a - b\sqrt{-1}$ は $\mathbb{R}$ 上の体（準）同型であり，$\psi(a+b\sqrt{2}) = a-b\sqrt{2}$ で定義された写像は $\mathbb{Q}$ 上の体（準）同型である．一般に $K, L \subset \mathbb{C}$ が体なら K, L は $\mathbb{Q}$ を含み，任意の体準同型 $K \to L$ は $\mathbb{Q}$ 上の体準同型となることがわかる．

この節の目標は，$K \subset L \subset \mathbb{C}$ において K, L が体，$\alpha \in \mathbb{C}$ が K 上代数的の時に，$K(\alpha)$ から L への K 上の体準同型を全て求めることである．

命題 4.7

$K \subset L \subset \mathbb{C}$ において K, L は体であるとし，$\alpha \in \mathbb{C}$ は K 上 d 次の代数的数で，$f(x) \in K[x]$ は α の K 上の既約多項式とする．L 内における方程式 $f(x) = 0$ の解は有限個であり，それを $\{\beta_1, \beta_2, \ldots, \beta_k\} \subset L$ と書くと，K 上の体準同型 $\varphi_i : K(\alpha) \to L$ で $\varphi_i(\alpha) = \beta_i$ を満たすものが，$i = 1, 2, \ldots, k$ のそれぞれに対してただひとつずつ存在する．$\{\varphi_1, \varphi_2, \ldots, \varphi_k\}$ は，K 上の体の準同型 $K(\alpha) \to L$ の全体である．

[証明] まず，$f(x) = 0$ の解が有限個しかないことの証明から始めよう．

補題 4.8

$L \subset \mathbb{C}$ は体，$f(x) \in L[x]$ は 0 多項式でない d 次式とする．すると L の中の $f(x) = 0$ の解は高々 d 個しかない．

[補題 4.8 の証明] d について帰納法．$d = 0$ のとき，$f(x)$ は 0 多項式でない 0 次式なので，つまり 0 でない定数となる．0 でない定数に何を代入しても 0 にならないので，解無し．つまり解は 0 個であり，この場合は補題 4.8 が成立する．

$d - 1$ 次式に対しては補題 4.8 が成立するとして，d 次式 $f(x)$ に対しても成り立つことを示そう．もし $f(x) = 0$ が L 内に解をひとつも持たなければ，解の個数が 0 個ということなので，確かに補題が成立する．よって解 $a \in L$ が存在するとして良い．

剰余定理により，$f(x)$ を $(x - a)$ で割ると，割り切れる．つまり $f(x) = (x - a)g(x)$ とあらわされ，$g(x)$ は $d - 1$ 次式となる．帰納法の仮定より $g(x) = 0$ の解は高々 $d - 1$ 個であり，それを $\{a_1, a_2, \ldots, a_k\}$（ただし $k \leq d-1$）と書くと，$f(x) = (x-a)g(x) = 0$ の解は $\{a\} \cup \{a_1, a_2, \ldots, a_k\}$．したがって，その個数は $k + 1$ 個以下となり，$k \leq d - 1$ なので $k + 1 \leq d$ であり，たしかに d 個以下しか解がない．

よって帰納法が成立し，補題 4.8 が示された． □

そこで $f(x) = 0$ の L 内の解を $\{\beta_1, \ldots, \beta_k\}$（ただし $k \leq d$）とあらわすことができる．もうひとつ，次の準備をしておこう．この補題 4.9 は証明の核心である．

補題 4.9

$K \subset L \subset \mathbb{C}$ において K と L は体，$\alpha \in \mathbb{C}$ とする．$\varphi : K(\alpha) \to L$ は K 上の体の準同型で，$\varphi(\alpha) = \beta$ であるとする．

このとき次の (1), (2) が成り立つ.
(1) $\varphi(\alpha^i) = \beta^i$ となる.
(2) $g(x) \in K[x]$ が K 係数の多項式なら，
$$\varphi\bigl(g(\alpha)\bigr) = g(\beta) \in L$$
である.

[補題 4.9 の証明]　(1) φ が乗法を保つので

$$\varphi(\alpha^i) = \varphi(\overbrace{\alpha \times \cdots \times \alpha}^{i\,\text{個}})$$
$$= \overbrace{\varphi(\alpha) \times \varphi(\alpha) \times \cdots \times \varphi(\alpha)}^{i\,\text{個}}$$
$$= \varphi(\alpha)^i$$
$$= \beta^i$$

となる.

(2)　$g(x) = c_0 + c_1 x + c_2 x^2 + \cdots + c_n x^n$, ただし $c_0, c_1, \ldots, c_n \in K$ とする. このとき

$$\begin{aligned}
\varphi(g(\alpha)) &= \varphi(c_0 + c_1 \alpha + c_2 \alpha^2 + \cdots + c_n \alpha^n) \\
&= \varphi(c_0) + \varphi(c_1 \alpha) + \varphi(c_2 \alpha^2) + \cdots + \varphi(c_n \alpha^n) \\
&= \varphi(c_0) + \varphi(c_1)\varphi(\alpha) + \varphi(c_2)\varphi(\alpha^2) + \cdots + \varphi(c_n)\varphi(\alpha^n) \\
&= \varphi(c_0) + \varphi(c_1)\beta + \varphi(c_2)\beta^2 + \cdots + \varphi(c_n)\beta^n \\
&= c_0 + c_1 \beta + c_2 \beta^2 + \cdots + c_n \beta^n \\
&= g(\beta)
\end{aligned}$$

となる.　　□

補題 4.9 (2) により，$\alpha \in \mathbb{C}$ が K 上代数的ならば，K 上の体の準同型 $\varphi \colon K(\alpha) \to L$ は $\varphi(\alpha) \in L$ を定めれば高々一通りに定まることがわかる．実際，α が K 上 d 次の代数的数とすると，命題 2.8 と定理 2.28 により $K(\alpha)$ の任意の元 γ はある $g(x) \in K[x]$ により $\gamma = g(\alpha)$ とあらわされるので，$\varphi(\gamma) = g(\beta)$ と値が定まってしまうからである（これが well-defined か，また四則演算を保つか，を確かめていないので，存在はまだ言えていないことに注意）．

一方，α の既約多項式は $f(x)$ なので，$f(\alpha) = 0$ である．体の準同型は 0 を 0 へ送るので，もし α を β へ送るような K 上の体の準同型 φ が存在したとすれば

$$0 = \varphi(f(\alpha))$$
$$= f(\beta) \quad (\text{補題 4.9(2) より})$$

となるので，$f(\beta) = 0$ となることが必要である．つまり K 上の体の準同型 $\varphi \colon K(\alpha) \to L$ が α を β へ送るならば，すなわち $\varphi(\alpha) = \beta$ ならば，β は $f(x) = 0$ の解になる，すなわち $\beta \in \{\beta_1, \beta_2, \ldots, \beta_k\}$ となることが確かめられた．

最後に，$\beta \in L$ は $f(x) = 0$ の根，つまり $f(\beta) = 0$ とするとき，K 上の体準同型 $\varphi \colon K(\alpha) \to L$ で $\varphi(\alpha) = \beta$ となるものが存在することを示そう．α の K 上の既約多項式は d 次式 $f(x) \in K[x]$ であり，定理 2.33 により $K(\alpha)$ の任意の元 γ は $d-1$ 次以下の多項式 $g(x) \in K[x]$ により $\gamma = g(\alpha)$ とただ一通りにあらわされる．

そこで上記の考察に基づいて，$g(x) \in K[x]$ が $d-1$ 次以下のとき，$\varphi(g(\alpha)) := g(\beta) \in L$ とすることで写像 $\varphi \colon K(\alpha) \to L$ を定義しよう．命題 4.3 により，この φ が加法，乗法，そして 1 を保つことを確かめれば良い．

加法を保つこと：$g(x), h(x) \in K[x]$ はともに $d-1$ 次以下の多項式とすると $g(\alpha) + h(\alpha) = (g+h)(\alpha)$ であり，$g+h$ も $d-1$ 次以

下の多項式なので

$$\varphi\bigl(g(\alpha)+h(\alpha)\bigr) = \varphi\bigl((g+h)(\alpha)\bigr)$$
$$= (g+h)(\beta) \quad (\varphi \text{ の定義})$$
$$= g(\beta)+h(\beta) \quad (g+h \text{ の定義})$$
$$= \varphi\bigl(g(\alpha)\bigr)+\varphi\bigl(h(\alpha)\bigr) \quad (\varphi \text{ の定義})$$

これにより，φ は加法を保つ．

乗法を保つこと：$g(x)$ と $h(x)$ がともに $d-1$ 次以下でも，その積 $(gh)(x)$ は d 次以上かもしれない．そこで $(gh)(x)$ を $f(x)$ で割り算して，商を $q(x)$，余りを $r(x)$ とおく．$r(x)$ は d 次式 $f(x)$ で割り算した余りなので，$d-1$ 次以下である．$(gh)(x)=f(x)q(x)+r(x)$ に $x=\alpha$ を代入すると，$f(\alpha)=0$ なので $(gh)(\alpha)=f(\alpha)q(\alpha)+r(\alpha)=r(\alpha)$ となる．よって $g(\alpha)h(\alpha)=(gh)(\alpha)=r(\alpha)$ により，積 $g(\alpha)h(\alpha)$ が $d-1$ 次以下の多項式 $r(x)$ に $x=\alpha$ を代入したもの，としてあらわされたことになる．φ の定義により，$\varphi\bigl(r(\alpha)\bigr)=r(\beta)$ となることに注意して

$$\varphi(g(\alpha)h(\alpha)) = \varphi\bigl(r(\alpha)\bigr)$$
$$= r(\beta)$$

となる．一方 $\varphi\bigl(g(\alpha)\bigr)=g(\beta), \varphi\bigl(h(\alpha)\bigr)=h(\beta)$ なので

$$\varphi\bigl(g(\alpha)\bigr)\varphi\bigl(h(\alpha)\bigr) = g(\beta)h(\beta)$$
$$= (gh)(\beta) \quad (\text{多項式の積 } gh \text{ の定義})$$
$$= f(\beta)q(\beta)+r(\beta) \ ((gh)(x)=f(x)q(x)+r(x))$$
$$= r(\beta) \quad (f(\beta)=0 \text{ と仮定していた})$$

よって $\varphi(g(\alpha)h(\alpha))=r(\beta)=\varphi(g(\alpha))\varphi(h(\alpha))$ となり，φ が乗法を保つことがわかった．

最後に φ が 1 を保つことを示す．1 は 0 次式（つまり定数）1 に

$x = \alpha$ を代入した値なので，φ の定義より $\varphi(1) = 1$，ここで左辺の 1 は 0 次式 1 に $x = \beta$ を代入したものである．よって $\varphi(1) = 1$ となり，φ が体の準同型になることが証明された． □

例 4.10

$\mathbb{C} = \mathbb{R}(\sqrt{-1})$ なので，$\mathbb{C}$ から $\mathbb{C}$ への $\mathbb{R}$ 上の体準同型は $\mathbb{C}$ における方程式 $x^2 + 1 = 0$ の解 $\{\sqrt{-1}, -\sqrt{-1}\}$ と一対一に対応する．$\sqrt{-1}$ を $\sqrt{-1}$ へ送るような $\mathbb{R}$ 上の体準同型は $a + b\sqrt{-1}$ を $a + b\sqrt{-1}$ へ送るので，恒等写像．一方，$\sqrt{-1}$ を $-\sqrt{-1}$ へ送るような $\mathbb{R}$ 上の体準同型は $a + b\sqrt{-1}$ を $a - b\sqrt{-1}$ へ送るので，例 4.4 で構成した複素共役写像である．$\mathbb{R}$ 上の $\mathbb{C}$ から $\mathbb{C}$ への体準同型はこの 2 つに限られる．

例 4.11

同様に $\mathbb{Q}(\sqrt{2}) \to \mathbb{Q}(\sqrt{2})$ なる $\mathbb{Q}$ 上の体準同型も，$a + b\sqrt{2}$ を $a + b\sqrt{2}$ へ送る（つまり恒等写像）か，あるいは $a - b\sqrt{2}$ へ送る体準同型（つまり例 4.5 で作った例）の 2 つに限られる．

命題 4.7 と補題 4.8 から，次の系が従う．

系 4.12

$K \subset L \subset \mathbb{C}$ で，K, L は体であるとする．$\alpha \in \mathbb{C}$ が K 上代数的なら，$K(\alpha)$ から L への K 上の体の準同型の個数は高々 $[K(\alpha) : K]$ 個である．

[証明] 命題 4.7 により，$K(\alpha)$ から L への K 上の体準同型と，L の中での d 次方程式 $f(x) = 0$ の解全体とは一対一に対応する（た

だし，$f(x)$ は α の K 上の既約多項式で，定理 2.33 により $d = [K(\alpha) : K]$ である．ところが，補題 4.8 により，L の中での d 次方程式 $f(x) = 0$ の解は高々 d 個である． □

例 4.10，例 4.11 はともに系 4.12 の等号が成り立つ例になっている．等号が成り立たない例としては，例えば次のようなものがある．

例 4.13

$\mathbb{Q}(\sqrt[3]{2})$ から $\mathbb{Q}(\sqrt[3]{2})$ への $\mathbb{Q}$ 上の体の同型は恒等写像のみである．

実際，命題 4.7 により $\mathbb{Q}(\sqrt[3]{2})$ から $\mathbb{Q}(\sqrt[3]{2})$ への $\mathbb{Q}$ 上の体の準同型は，$\mathbb{Q}(\sqrt[3]{2})$ 内における $x^3 - 2 = 0$ の解全体と一対一に対応する．$\omega = \dfrac{-1 + \sqrt{-3}}{2}$ として $x^3 - 2 = 0$ の解を列挙すると $\{\sqrt[3]{2}, \omega\sqrt[3]{2}, \omega^2\sqrt[3]{2}\}$ となるが，そのうちで $\mathbb{Q}(\sqrt[3]{2}) \subset \mathbb{R}$ に含まれるものは $\sqrt[3]{2}$ しかない．よって $\mathbb{Q}(\sqrt[3]{2})$ から $\mathbb{Q}(\sqrt[3]{2})$ への唯一の体の準同型は $\sqrt[3]{2}$ を $\sqrt[3]{2}$ へ送るが，それはまさに恒等写像であり，他には体の準同型はない．

系 4.12 において，等号が成立するための条件を最後に調べておこう．まず準備から．

定義 4.14

$K \subset \mathbb{C}$ は体，$\alpha \in \mathbb{C}$ は K 上代数的とする．$\beta \in \mathbb{C}$ が α と K 上共役な元であるとは，$f(x)$ を α の K 上の既約多項式とする時，$f(\beta) = 0$ となること．

例 4.15

$\sqrt{2}$ と $\mathbb{Q}$ 上共役な元は，$\sqrt{2}$ と $-\sqrt{2}$ である．$\sqrt[3]{2}$ と $\mathbb{Q}$ 上共

役な元は，$\omega = \dfrac{-1+\sqrt{-3}}{2}$ とおいて $\sqrt[3]{2}$, $\omega\sqrt[3]{2}$ と $\omega^2\sqrt[3]{2}$ の 3 つである．

自分自身も「共役」と呼ぶのはちょっと不自然な気もするが，こう呼ぶことであとで命題 4.18 が自然に表現できる．

次の定理は，その名前にも関わらず，解析学の結果なので，ここでは証明しない．

定理 4.16　代数学の基本定理

$f(x) \in \mathbb{C}[x]$ が複素数を係数に持つ d 次式であれば，$f(x)$ は $\mathbb{C}[x]$ の中の 1 次式 d 個の積としてあらわされる．言い換えれば，d 次方程式 $f(x) = 0$ は重複度を含めれば複素数解をちょうど d 個持つ．

次の命題は，K が $\mathbb{C}$ の部分体とは限らない一般の体の場合には，必ずしも成り立たない．「標数 0」という条件が必要で，その条件については証明後のコメントをご参照いただきたい．

命題 4.17

$K \subset \mathbb{C}$ は体とし，$f(x) \in K[x]$ は K 上の既約多項式とする．すると $f(x)$ は重根を持たない．すなわち，代数学の基本定理によって $f(x)$ を $\mathbb{C}[x]$ の中の 1 次式の積としてあらわしたとき，それらの 1 次式はどの 2 つを取っても互いに定数倍でない（標数 0 の場合のみ）．

[証明] 定理 4.16 により $\mathbb{C}[x]$ 内では $f(x)$ は 1 次式の積としてあらわされるわけだが，同じ因子 $(x - \alpha)$ が 2 度以上あらわれたとしよう．

すなわち，ある $g(x) \in \mathbb{C}[x]$ により $f(x) = (x-\alpha)^2 g(x)$ とあらわされたとする．$f(x) = a_d x^d + a_{d-1} x^{d-1} + \cdots + a_0$ とあらわすと，その微分 $\dfrac{df}{dx}(x) = d a_d x^{d-1} + (d-1) a_{d-1} x^{d-2} + \cdots + 2 a_2 x + a_1$ も係数が K に入るので $K[x]$ の中の $d-1$ 次多項式であることがわかる．

一方，積の微分公式により

$$\frac{df}{dx}(x) = 2(x-\alpha)g(x) + (x-\alpha)^2 \frac{dg}{dx}(x)$$
$$= (x-\alpha)\Big(2g(x) + (x-\alpha)\frac{dg}{dx}(x)\Big)$$

なので，$\dfrac{df}{dx}(\alpha) = 0$ となる．定理 2.17(3) により，$\dfrac{df}{dx}$ は α の既約多項式 $f(x)$ で割り切れるが，$\dfrac{df}{dx}$ は $d-1$ 次式なので，d 次式 $f(x)$ で割り切れるはずがなく，矛盾． □

体の本当の定義は，注意 2.6 の意味で「自然に」四則演算ができる数体系，という意味であるが，そういうものの中には，1 をいくつか加えると，そのうちに 0 になってしまうものがある．例えば，$1+1 = 0$ となる体や，$1+1+1 = 0$ となる体が存在する（そのような体で，$\overbrace{1+1+\cdots+1}^{p\text{ 個}} = 0$ となる最小の自然数 p を，その体の標数と呼ぶ．体の標数は常に素数になる）．

K は $1+1 = 0$ となるような体で，$c \in K$ は $x^2 = c$ が K の中に解を持たないような元（よって $x^2 - c$ は $K[x]$ の既約多項式），$L \supset K$ は K を含む体で，L の中には $x^2 - c = 0$ の解 α があったとする．すると $(x-\alpha)^2 = x^2 - 2\alpha x + \alpha^2$ であるが，$2\alpha = (1+1)\alpha = 0\alpha = 0$ なので $(x-\alpha)^2 = x^2 + \alpha^2 = x^2 + c$ となる．ところがさらに $c+c = (1+1)c = 0c = 0$ の両辺から c を引いて $c = -c$，つまり

$$(x-\alpha)^2 = x^2 - c$$

となる.

よって $x^2 - c \in K[x]$ は K 上既約なのに,重根を持つ.つまり,$1+1=0$ が成り立つような体では,命題 4.17 が成り立たない反例が存在しうるのである.証明のどこが破綻するかと言うと,「$f(x)$ が d 次式なら,$\dfrac{df}{dx}(x)$ は $d-1$ 次式」の部分だ.$x^2 - c$ を微分すると $2x$ となるが,$2 = 0$ なので,$2x = 0$,つまり既約多項式 $x^2 - c$ を微分すると 0 になってしまうのである.1 をいくつ加えても 0 にならないような体(例えば $\mathbb{C}$ の部分集合としてあらわされるような体)を,「標数 0 の体」と呼び,そうでない体を正標数の体と呼ぶ.本書の命題 4.17 以降では正標数ではそのままでは成り立たない命題も含まれるのでご注意いただきたい.

命題 4.18

$K \subset L \subset \mathbb{C}$ で,K, L は体であるとする.$\alpha \in \mathbb{C}$ が K 上代数的なら,$K(\alpha)$ から L への K 上の体の準同型の個数がちょうど $[K(\alpha) : K]$ 個となるための必要十分条件は,L が $\mathbb{C}$ における α の共役元を全て含むことである(標数 0 の場合のみ).

[証明] α の K 上の既約多項式を $f(x)$ とすると,$f(x)$ の次数は拡大次数 $[K(\alpha) : K]$ に等しい.この次数を d とおく.代数学の基本定理により $f(x) = 0$ の解は重複度を含めて d 個あり,命題 4.17 によりその d 個の解は互いに全て異なる.

よってもし L がそれらの d 個の解を全て含むならば,命題 4.7 により $K(\alpha)$ から L への K 上の体準同型の個数は d 個となる.逆に,$K(\alpha)$ から L への K 上の体準同型の個数が d 個ならば,L は $f(x) = 0$ の解を d 個含むが,そのためには L が $f(x) = 0$ の解全体,すなわち α の共役元を全て含むことが必要である. □

4.3　体の自己同型とその個数の評価

　この節の最初の目標は，系 4.12 を一般化することである．$K(\alpha)$ のかわりに K の任意の有限次代数拡大 $M \supset K$ が与えられたとき，M から L への K 上の体の準同型の個数が $[M:K]$ 個以下になることを示す．さらに等号が成り立つための十分条件を紹介する．技術的な話が続くようだが，話はすでにガロアの基本定理の核心に近づいているので，もうひと踏ん張りだ．

　抽象代数のセンスがある読者は，前の 4.2 節の話とこの節の話がほとんど同じように感じられることであろう．一方で，前の節と比べてこの節が格段に難しく感じる読者もいるに違いない．実は全てを集合 $\mathbb{C}$ の中でやってしまったのが命題 4.7 で，中空に M と L を作って体の準同型 φ でそれらをつないでみたのがこの節の命題 4.21 である．想像力を働かせて両者が本質的に同じことだ，と見抜ければそれは素晴らしいことだし，そうでなくても証明の中身は酷似しているので，わからなくなったら前の節の対応する部分を復習しながら読み進められると良いであろう．

　系 4.12 は命題 4.7 からすぐに得られる結果であった．そこで系 4.12 の一般化のために，まず命題 4.7 を一般化する必要がある．そのための道具をまず準備する．

定義 4.19

　$K \subset \mathbb{C}, L \subset \mathbb{C}$ はそれぞれ体であるとし，$\varphi: K \to L$ は体の準同型とする．K 係数の多項式から L 係数の多項式への写像 $\varphi_*: K[x] \to L[x]$ を，K 係数の多項式 $f(x) = c_0 + c_1 x + c_2 x^2 + \cdots + c_n x^n$ に対し，

4.3 体の自己同型とその個数の評価

$$\varphi_*(f)(x) := \varphi(c_0) + \varphi(c_1)x + \varphi(c_2)x^2 + \cdots + \varphi(c_n)x^n$$

と定義する．つまり $\varphi_*(f)$ とは，K 係数の多項式 $f(x)$ の係数を φ で送って L 係数の多項式にしたものである．

補題 4.20

K, L, φ は定義 4.14 の通りとする．すると写像 $\varphi_* : K[x] \to L[x]$ は加法と乗法を保つ．すなわち，$g(x), h(x) \in K[x]$ に対して

$$\varphi_*(g+h)(x) = \varphi_*(g)(x) + \varphi_*(h)(x)$$
$$\varphi_*(gh)(x) = \varphi_*(g)(x)\varphi_*(h)(x)$$

が成り立つ．

言い換えれば，多項式として $\varphi_*(g+h) = \varphi_*(g) + \varphi_*(h)$，$\varphi_*(gh) = \varphi_*(g)\varphi_*(h)$ が成り立つ[1]．

[証明] 定義通りに計算すれば良い．$g(x) = a_0 + a_1 x + \cdots + a_n x^n$，$h(x) = b_0 + b_1 x + \cdots + b_m x^m$ とするとき，次数の高い方に合わせて，例えば $n > m$ なら $b_{m+1} = b_{m+2} = \cdots = b_n = 0$ と定義して，$(g+h)(x) = (a_0 + b_0) + (a_1 + b_1)x + \cdots + (a_n + b_n)x^n$ と書けるので，

$$\begin{aligned}
\varphi_*(g+h)(x) &= \varphi(a_0+b_0) + \varphi(a_1+b_1)x + \cdots + \varphi(a_n+b_n)x^n \\
&= (\varphi(a_0) + \varphi(b_0)) + (\varphi(a_1) + \varphi(b_1))x \\
&\quad + \cdots + (\varphi(a_n) + \varphi(b_n))x^n \\
&= \Big(\varphi(a_0) + \varphi(a_1)x + \cdots + \varphi(a_n)x^n\Big) \\
&\quad + \Big(\varphi(b_0) + \varphi(b_1)x + \cdots + \varphi(b_n)x^n\Big)
\end{aligned}$$

---

[1] つまり $\varphi_* : K[x] \to L[x]$ は環準同型である．

$$= \varphi_*(g)(x) + \varphi_*(h)(x)$$

となる．

次に $g(x) = a_0 + a_1 x + \cdots + a_n x^n$, $h(x) = b_0 + b_1 x + \cdots + b_m x^m$ とすると,

$$(gh)(x) = a_0 b_0 + (a_0 b_1 + a_1 b_0)x + \cdots + (a_0 b_k + a_1 b_{k-1} + \cdots + a_k b_0)x^k + \cdots + a_n b_m x^{n+m}$$

となる．加法の時と同様に次数を超えたところでは $a_s = 0$ ($s > n$), $b_t = 0$ ($t > m$) とする記法を用いれば

$$(gh)(x) = \sum_{k=0}^{n+m} \left(\sum_{i=0}^{k} (a_i b_{k-i}) \right) x^k$$

と書けるので，

$$\begin{aligned}
\varphi_*(gh)(x) &= \sum_{k=0}^{n+m} \varphi \left(\sum_{i=0}^{k} (a_i b_{k-i}) \right) x^k \\
&= \sum_{k=0}^{n+m} \left(\sum_{i=0}^{k} \varphi(a_i b_{k-i}) \right) x^k \\
&= \sum_{k=0}^{n+m} \left(\sum_{i=0}^{k} \varphi(a_i) \varphi(b_{k-i}) \right) x^k \\
&= \Big(\sum_{i=0}^{n+m} \varphi(a_i) x^i \Big) \Big(\sum_{j=0}^{n+m} \varphi(b_j) x^j \Big) \\
&= \varphi_*(g)(x) \varphi_*(h)(x)
\end{aligned}$$

求める式が確かめられた． □

次に，命題 4.7 を一般化する．その前に，おおざっぱに命題 4.7 の証明の流れを復習しておこう．体 $K(\alpha)$ の元は K の元と α から

加減乗除を使ってあらわすことができる．体の準同型は加減乗除を保つので，K の元と α の行き先を決めれば，$K(\alpha)$ の元全ての行き先が定まる．$K(\alpha)$ から L への K 上の体準同型といえば K の行き先はもう定まっているので，α の行き先を定めることで，K 上の体準同型 $K(\alpha) \to L$ がただ一通りに定まることになる．

α の行き先としては L の元なら何でも良い，というわけにはいかず，$f(\alpha) = 0$ という条件があるために，α の行き先 β も $f(\beta) = 0$ という条件を満たさないといけない．逆に $f(\beta) = 0$ となるような $\beta \in L$ を取れば，α が β へ送られるような K 上の体準同型 $K(\alpha) \to L$ が自然に定義される．

上のアウトラインにおいて，「K の行き先はもう決まっているので」つまり $K \subset L$ が決まっている，ということであるが，ここが包含写像でなくても，K の行き先さえ決まっていれば，同様の議論ができることがわかるだろう．そこで，次のような命題が成り立つ．

命題 4.21

$K \subset \mathbb{C}, L \subset \mathbb{C}$ はそれぞれ体であるとし，$\alpha \in \mathbb{C}$ は K 上 d 次の代数的数で，$f(x) \in K[x]$ は α の K 上の既約多項式とする．また，$\varphi : K \to L$ は体の準同型であるとする．

このとき，L 内における $\varphi_*(f)(x) = 0$ の解を $\{\beta_1, \ldots, \beta_k\} \subset L$ と書くと，$\varphi : K \to L$ の拡張となるような体の準同型 $\varphi_i : K(\alpha) \to L$ で $\varphi_i(\alpha) = \beta_i$ を満たすものが $i = 1, 2, \ldots, k$ のそれぞれに対してただひとつずつ存在する．$\{\varphi_1, \varphi_2, \ldots, \varphi_k\}$ は $K(\alpha)$ から L への体準同型で $\varphi : K \to L$ の拡張となるようなものの全体である．特に $\varphi : K \to L$ の拡張 $\varphi_i : K(\alpha) \to L$ の個数は $[K(\alpha) : K]$ 個以下である．

[証明] $K(\alpha) \to L$ という体の準同型を定めるにあたって，$K(\alpha)$ の元は全て K の元と α を四則演算で組み合わせてあらわされるので，$\varphi: K \to L$ を $K(\alpha)$ へ拡張するためには α の行き先さえ定めれば良い．そのような体の準同型による α の行き先を β とすると $\beta \subset \{\beta_1, \ldots, \beta_k\}$ となることを示し，逆にそのような $\beta = \beta_i$ に対しては $\varphi_i: K(\alpha) \to L$ で $\varphi_i(\alpha) = \beta_i$ となるようなものを構成すればよい．

補題 4.9 をこの脈絡で使えるように一般化しよう．

補題 4.22

K, L, α, φ は命題で与えられた通りとし，$\psi: K(\alpha) \to L$ は K の元に対しては φ と一致するような体の準同型で，$\psi(\alpha) = \beta$ であるとする．このとき，次が成り立つ．

(1) $\psi(\alpha^i) = \beta^i$ が成り立つ．

(2) $g(x) \in K[x]$ が K 係数の多項式なら，

$$\psi(g(\alpha)) = \varphi_*(g)(\beta)$$

である．

[補題 4.22 の証明] (1) の $\psi(\alpha^i) = \beta^i$ は補題 4.9 と同様．(2) は，$g(x) = c_0 + c_1 x + c_2 x^2 + \cdots + c_n x^n$，ただし $c_0, \ldots, c_n \in K$ とする．

$$\begin{aligned}
\psi(g(\alpha)) &= \psi(c_0 + c_1\alpha + c_2\alpha^2 + \cdots + c_n\alpha^n) \\
&= \psi(c_0) + \psi(c_1\alpha) + \psi(c_2\alpha^2) + \cdots + \psi(c_n\alpha^n) \\
&= \psi(c_0) + \psi(c_1)\psi(\alpha) + \psi(c_2)\psi(\alpha^2) + \cdots + \psi(c_n)\psi(\alpha^n) \\
&= \psi(c_0) + \psi(c_1)\beta + \psi(c_2)\beta^2 + \cdots + \psi(c_n)\beta^n \\
&= \varphi(c_0) + \varphi(c_1)\beta + \varphi(c_2)\beta^2 + \cdots + \varphi(c_n)\beta^n \\
&= \varphi_*(g)(\beta)
\end{aligned}$$

となる. □

よって特に $\psi : K(\alpha) \to L$ が $\varphi : K \to L$ の拡張ならば,$f(\alpha) = 0$ なので,補題 4.16(2) により

$$0 = \psi(f(\alpha)) = \varphi_*(f)(\beta)$$

となる.つまり α の行き先 β は $\varphi_*(f)(x) = 0$ の解でなくてはならない,すなわち $\psi(\alpha) \in \{\beta_1, \ldots, \beta_k\}$ となることがわかった.

最後に $\varphi_i : K(\alpha) \to L$ で $\varphi_i(\alpha) = \beta_i$ となるものが存在することを示そう.$K(\alpha)$ の元は $d-1$ 次以下の多項式 $g(x) \in K[x]$ により $g(\alpha)$ とただ一通りにあらわされる.補題 4.22(2) により,$\varphi_i(g(\alpha)) = \varphi(g)(\beta_i)$ となるはずである.そこで φ_i をこのように定義して,その写像が加法,乗法,そして 1 を保つことを示せば良い.加法と 1 を保つことは命題 4.7 の証明を真似れば容易なので,乗法を保つことのみ示そう(これも命題 4.7 の証明の真似をすれば容易ではある).

$K(\alpha)$ の元 $g(\alpha), h(\alpha)$ を取る.ただし $g(x), h(x) \in K[x]$ は $d-1$ 次以下の多項式である.$(gh)(x)$ を $f(x)$ で割って,商は $q(x)$,余りは $r(x)$ とする.$(gh)(\alpha) = f(\alpha)q(\alpha) + r(\alpha) = r(\alpha)$ なので,φ_i の定義より

$$\varphi_i(g(\alpha)h(\alpha)) = \varphi_i(gh(\alpha)) \quad (gh(x) \text{ の定義より})$$
$$= \varphi_i(r(\alpha)) \quad (gh = fq + r, f(\alpha) = 0 \text{ より})$$
$$= \varphi_*(r)(\beta_i) \quad (\varphi_i \text{ の定義})$$

となる．一方，

$$\varphi_i(g(\alpha))\varphi_i(h(\alpha)) = \varphi_*(g)(\beta_i)\varphi_*(h)(\beta_i)$$
$$= (\varphi_*(g)\varphi_*(h))(\beta_i) \quad (\text{多項式の積の定義})$$
$$= (\varphi_*(gh))(\beta_i) \quad (\text{補題 4.20})$$
$$= (\varphi_*(fq+r))(\beta_i) \quad (gh = fq + r \text{ より})$$
$$= (\varphi_*(fq))(\beta_i) + \varphi_*(r)(\beta_i) \quad (\text{補題 4.20})$$
$$= (\varphi_*(f))(\beta_i)(\varphi_*(q))(\beta_i) + \varphi_*(r)(\beta_i)$$
$$\quad (\text{補題 4.20})$$
$$= \varphi_*(r)(\beta_i) \quad (\varphi(f)(\beta_i) = 0)$$

となるので

$$\varphi_i(g(\alpha)h(\alpha)) = \varphi_*(r)(\beta_i) = \varphi_i(g(\alpha))\varphi_i(h(\alpha))$$

となり，φ_i が乗法を保つことが確かめられた．（命題 4.21 の証明終わり） □

次の補題が，命題 4.24 で必要になる．

補題 4.23

$K \subset L \subset \mathbb{C}$ において K, L は体であるとし，$[L:K] < \infty$, つまり K 上の線形空間として L は有限次元とする．このとき有限個の元 $\alpha_1, \alpha_2, \ldots, \alpha_r \in L$ をうまく取って

4.3 体の自己同型とその個数の評価

$$L = K(\alpha_1, \alpha_2, \ldots, \alpha_r)$$

という形であらわすことができる.

[証明] 拡大次数 $[L:K]$ について帰納法を用いる. $[L:K]=1$ ならば $K=L$ なので, $r=0$ で良い. $[L:K]=d>1$ とし, 拡大次数が d 未満の場合には補題は証明されたと仮定する. $L \subsetneq K$ なので, $\alpha_1 \in L \backslash K$ が存在する. $L \supset K(\alpha_1) \supsetneq K$ であり, 次数公式により $[L:K(\alpha_1)] = \dfrac{[L:K]}{[K(\alpha_1):K]} < [L:K]$ となる. 帰納法の仮定より $L = K(\alpha_1)(\beta_1, \beta_2, \ldots, \beta_s)$ と書けるので, $r=s+1, \alpha_i = \beta_{i-1}\ (i=2,3,\ldots,r)$ とおけば

$$L = K(\alpha_1)(\beta_1, \beta_2, \ldots, \beta_s) = K(\alpha_1, \alpha_2, \ldots, \alpha_r)$$

となり, 補題が示された. □

命題 4.21 を強力な道具として使って, 系 4.12 と命題 4.18 の一般化をしておこう.

命題 4.24

$K, L, M \subset \mathbb{C}$ は体とし, $K \subset L, K \subset M$ であり, さらに $[L:K] < \infty$, つまり K 上のベクトル空間として L は有限次元であるとする.

(1) L から M への K 上の体準同型の個数は高々 $[L:K]$ 個である.

(2) もし等号が成立すれば, すなわちちょうど $[L:K]$ 個の体準同型が存在すれば, 任意の $\alpha \in L$ に対して α の K 上の共役元は M 内に入る.

(3) 補題 4.23 によって保証されるように $L = K(\alpha_1, \alpha_2,$

..., α_r) とあらわした時, $\alpha_1, \alpha_2, \ldots, \alpha_r$ の K 上の共役元が全て M 内に入れば, 等号が成立する, すなわちちょうど $[L:K]$ 個の L から M への K 上の体準同型が存在する.

[証明] 補題 4.23 により $L = K(\alpha_1, \alpha_2, \ldots, \alpha_r)$ とあらわすことができる.

まず (1) をこの r についての帰納法で示す. $r = 1$ なら (1) は系 4.12 そのものなので OK. 帰納法の仮定として $r-1$ の場合に (1) が成り立つとすると, $K(\alpha_1, \alpha_2, \ldots, \alpha_{r-1})$ から M への K 上の体準同型の全体を $\{\psi_1, \psi_2, \ldots, \psi_s\}$ とおくとき, その個数 s は高々 $[K(\alpha_1, \ldots, \alpha_{r-1}):K]$ である, すなわち $s \leq [K(\alpha_1, \ldots, \alpha_{r-1}):K]$ が成り立つ.

さて, α_r の $K(\alpha_1, \ldots, \alpha_{r-1})$ 上の既約多項式を $f(x)$ とおくと, $f(x)$ の次数 d は定理 2.33 (あるいは定義 2.37 のあとのコメント) により $[L:K(\alpha_1, \ldots, \alpha_{r-1})]$ に一致する. 各 i に対し $\psi_{i*}(f)(x) = 0$ の M 内での解の個数は補題 4.8 により高々 d 個であり, よって命題 4.21 により $\psi_i : K(\alpha_1, \ldots, \alpha_{r-1}) \to M$ を $L \to M$ なる体準同型に拡張するやり方は高々 d 個, つまり高々 $[L:K(\alpha_1, \ldots, \alpha_{r-1})]$ 個しかない. K 上の体準同型 $\varphi : L \to M$ の定義域を $K(\alpha_1, \ldots, \alpha_{r-1})$ に制限するとやはり K 上の体準同型となるので, これは $\psi_1, \ldots, \psi_s$ のどれかになる. つまり φ はどれかの ψ_i の拡張になっている. 各 ψ_i に対してその拡張は高々 $[L:K(\alpha_1, \ldots, \alpha_{r-1})]$ 個なので, 全体として

$$s \cdot [L:K(\alpha_1, \ldots, \alpha_{r-1})]$$
$$\leq [K(\alpha_1, \ldots, \alpha_{r-1}):K] \cdot [L:K(\alpha_1, \ldots, \alpha_{r-1})]$$
$$= [L:K]$$

という個数の体準同型しか作ることができない．これで (1) が示された．

次に (3) を示す．$\alpha_1, \alpha_2, \ldots, \alpha_r$ の K 上の共役が全て M に入っていれば，$K(\alpha_1, \alpha_2, \ldots, \alpha_r)$ から M への K 上の体準同型の個数が $[K(\alpha_1, \ldots, \alpha_r) : K]$ 個あることを r についての帰納法で示す．

$r = 1$ のとき，命題 4.18 により，M が α_1 の共役元を全て含めば，$K(\alpha_1)$ から M への K 上の体の準同型の個数は $[K(\alpha_1) : K]$ 個となる．$r-1$ まで (3) が示されたとすると，$K(\alpha_1, \ldots, \alpha_{r-1})$ から M への K 上の体の準同型は $[K(\alpha_1, \ldots, \alpha_{r-1}) : K]$ 個ある．その個数を s とし，$\psi_1, \psi_2, \ldots, \psi_s$ をそれらの体の準同型とする．α_r の $K(\alpha_1, \ldots, \alpha_{r-1})$ 上の既約多項式を $f(x)$ とし，その次数を d とする．各 i $(i = 1, 2, \ldots, s)$ に対して $\psi_{i*}(f)$ も d 次式なので，代数学の基本定理（定理 4.16）と命題 4.17 により $\mathbb{C}$ 内に $\psi_{i*}(f)(x) = 0$ の解はちょうど d 個ある．

次に α_r の K 上の既約多項式を $g(x)$ とおく．$g(x) \in K[x] \subset K(\alpha_1, \ldots, \alpha_{r-1})[x]$ であり，$g(\alpha_r) = 0$ となるので，定理 2.17(3) により $g(x)$ は $K(\alpha_1, \ldots, \alpha_{r-1})[x]$ の元として $f(x)$ で割り切れる．つまり $f(x)h(x) = g(x)$ が成り立つような多項式 $h(x) \in K(\alpha_1, \ldots, \alpha_{r-1})[x]$ が存在する．

補題 4.20 により $\psi_{i*}(g) = \psi_{i*}(fh) = \psi_{i*}(f)\psi_{i*}(h)$ となるので $\psi_{i*}(f)(x)$ は $M[x]$ の元として $\psi_{i*}(g)(x)$ を割り切るが，ψ_i は K の元を動かさず，$g(x)$ は K 係数の多項式なので $\psi_{i*}(g) = g$ となる．つまり $\psi_{i*}(f)(x)$ は $g(x)$ を割り切る．特に $\psi_{i*}(f)(x) = 0$ の解は全て $g(x) = 0$ の解でもあり，よって α_r と K 上共役である．

仮定より，α_r の K 上の共役元は全て M に含まれるので，$\psi_{i*}(f)(x) = 0$ の解 d 個も全て M に含まれる．よって命題 4.21 により，それぞれの ψ_i はちょうど d 個の拡張 $K(\alpha_1, \ldots, \alpha_r) \to M$ を持つ．全体で $s \cdot d$ 個の K 上の体準同型が得られるが，$s =$

$[K(\alpha_1, \ldots, \alpha_{r-1}) : K]$ であり $d = [K(\alpha_1, \ldots, \alpha_r) : K(\alpha_1, \ldots, \alpha_{r-1})]$ なので次数公式により $s \cdot d = [K(\alpha_1, \ldots, \alpha_r) : K]$ である. よって (3) が示された.

最後に (2) を示す. $L = K(\alpha_1, \ldots, \alpha_r)$ であるとき, 任意の $\alpha \in L$ に対し $L = K(\alpha, \alpha_1, \alpha_2, \ldots, \alpha_r)$ であるので, $L = K(\alpha_1, \ldots, \alpha_r)$ という表示において, 我々の α は α_1 に一致すると仮定してよい. $\alpha = \alpha_1$ の共役のうち, M 内に入らないものがあると仮定すると, 命題 4.18 により $K(\alpha_1)$ から M への体の準同型の個数は $[K(\alpha_1) : K]$ 未満である. 以下, 上記 (3) と全く同様にして $K(\alpha_1, \alpha_2, \ldots, \alpha_r)$ から M への K 上の体準同型の個数が $[K(\alpha_1, \ldots, \alpha_r) : K]$ 個未満であることが r についての帰納法で示される. □

4.4 体の自己同型とガロアの基本定理

この節では, $K \subset L \subset \mathbb{C}$ が包含関係を持つ体であるとして, L から L への K 上の体の同型全体が合成を演算として群をなすことを示す. この群が, 体と並んでガロア理論におけるもう一人の主役である.

定義 4.25

$K \subset L \subset \mathbb{C}$ において, K, L は体であるとする. L から L への K 上の体の同型全体を体 L の K 上の自己同型群と呼ぶ.

命題 4.26

$K \subset L \subset \mathbb{C}$ において, K, L は体であるとする.

(1) L から L への K 上の自己同型群は，その名の通り，写像の合成を演算として群をなす．

(2) $[L:K]$ が有限のとき，L から L への K 上の体の準同型は全て体の同型となる．

(3) $[L:K]$ が有限のとき，L から L への K 上の自己同型群の位数は $[L:K]$ 以下である．

[証明] (1) L から L への全単射全体は群をなすので，その部分群になっていることを確かめれば良い．つまり，写像の合成について閉じていること，逆元について閉じていること，の2つを示せば良い．

$\varphi: L \to L$ と $\psi: L \to L$ がともに体の準同型であれば，系 4.2 によりその合成も体の準同型である．さらに φ, ψ がともに全単射であれば，合成も全単射である．よって合成写像 $\varphi \circ \psi$ も体の同型である．また，φ, ψ がともに K の元を動かさなければ，任意の $c \in K$ に対して

$$(\varphi \circ \psi)(c) = \varphi\bigl(\psi(c)\bigr)$$
$$= \varphi(c)$$
$$= c$$

より $\varphi \circ \psi$ も K の元を動かさない，つまり K 上の体の同型になっている．

次に，$\varphi: L \to L$ が K 上の体の同型ならば，その逆写像 $\varphi^{-1}: L \to L$ も体の同型であることを示す．φ^{-1} は全単射であり，任意の $c \in K$ に対して $\varphi(c) = c$ なので，両辺を φ^{-1} で送れば $c = \varphi^{-1}(c)$，つまり φ^{-1} も K の元を動かさない．また，$\diamond$ を $+, -, \times, \div$ のどれかの記号とし，$\diamond = \div$ のときは $b \neq 0$ として，$\varphi^{-1}(a) = A, \varphi^{-1}(b) = B$ とおくと，φ は体の同型であるので $\varphi(A \diamond B) =$

$\varphi(A) \diamond \varphi(B)$ が成り立つ．両辺に φ^{-1} を作用させると $A \diamond B = \varphi^{-1}(\varphi(A) \diamond \varphi(B)) = \varphi^{-1}(a \diamond b)$ となるので，$\varphi^{-1}(a \diamond b) = \varphi^{-1}(a) \diamond \varphi^{-1}(b)$ が得られ，φ^{-1} が加減乗除を保つことがわかった．最後に φ^{-1} は K の元を動かさないので，特に $1 \in K$ を動かさない．以上より $\varphi^{-1} : L \to L$ も K 上の体の同型になることが確かめられた．

(2) 命題 4.3 により，体の準同型は単射であり，$\varphi : L \to L$ が K 上の体の準同型ならば，これは K 上の線形空間としての写像になる．ここで L が有限次元なので，自分自身への単射線形写像は全射にもなり，よって同型となる．

(3) 命題 4.24 において，$L = M$ とおけば良い． □

命題 4.26 を踏まえて，次のように定義する．

定義 4.27

$K \subset L \subset \mathbb{C}$ において，K と L は体であり，拡大次数 $[L : K]$ は有限であるとする．体の拡大 $L \supset K$ がガロア拡大であるとは，L の K 上の自己同型群の位数が $[L : K]$ となることである．このとき，L の K 上の自己同型群を体拡大 L/K のガロア群と呼び，$\mathrm{Gal}(L/K)$ と書く．

ガロア拡大やガロア群を調べるための重要な道具として，分解体という概念がある．

定義 4.28

$K \subset \mathbb{C}$ は体であるとし，$f(x) \in K[x]$ は K 係数の多項式，$\{\alpha_1, \ldots, \alpha_r\}$ は $f(x) = 0$ の解全体とする．このとき，K の拡大体 $L := K(\alpha_1, \alpha_2, \ldots, \alpha_r)$ を K 上の $f(x)$ の分解体と呼ぶ．

定理 4.29

$K \subset L \subset \mathbb{C}$ において,K, L は体であるとする.

(1) $L \supset K$ がガロア拡大となるための必要十分条件は,ある多項式 $f(x) \in K[x]$ が存在して,L が K 上の $f(x)$ の分解体に等しいことである.

(2) $L \supset K$ がガロア拡大であれば,K を含み L に含まれるような任意の体 M に対して,$L \supset M$ はガロア拡大である.

(3) 拡大次数 $[L:K]$ が有限であれば,L の有限次拡大体 $\tilde{L}$ が存在して,$\tilde{L}/K$ はガロア拡大となる.

[**証明**] (1) $L \supset K$ が $f(x) \in K[x]$ の分解体であれば,L は K に代数的元をいくつか付け加えたものなので,有限次拡大である.$L = K(\alpha_1, \ldots, \alpha_r)$ とあらわせ,各 α_i は $f(x) = 0$ の根とできる.α_i の既約多項式を $g(x)$ とおくと定理 2.17(3) により $g(x)$ は $f(x)$ を割り切るので,α_i の共役元は全て $f(x) = 0$ の解となる.$L \supset K$ が $f(x)$ の分解拡大なので,それらの共役元は全て L に含まれる.命題 4.24(3) により,L から L への K 上の体準同型の個数は $[L:K]$ に等しい.命題 4.26(2) によりこれらは全て K 上の体の同型なので,$L \supset K$ はガロア拡大である.

逆に $L \supset K$ はガロア拡大であるとする.補題 4.23 により $L = K(\alpha_1, \ldots, \alpha_r)$ とあらわし,それぞれの α_i の K 上の既約多項式を $f_i(x) \in K[x]$ とおく.命題 4.24(2) により,各 i に対し,α_i の全ての共役元は L に含まれる.つまり $f_i(x) = 0$ の解は全て L に含まれる.$F(x) = f_1(x)f_2(x) \cdots f_r(x)$ と,これらの既約多項式の積を $F(x)$ とおくと,$F(x) = 0$ の解全体は $\{\alpha_1, \ldots, \alpha_r\}$ を含み,L に含まれる.よって K 上の $F(x)$ の分解体は L となる.

(2) $L \supset K$ がガロア拡大であれば,L はある多項式 $f(x) \in$

$K[x]$ の分解体である.つまり $f(x) = 0$ の解を $\{\alpha_1, \ldots, \alpha_d\}$ とおくと,$L = K(\alpha_1, \ldots, \alpha_d)$ である.$K \subset M \subset L$ ならば,$f(x) \in M[x]$ であり,M 上の $f(x)$ の分解体を考えると

$$L = K(\alpha_1, \ldots, \alpha_d)$$
$$\subseteq M(\alpha_1, \ldots, \alpha_r)$$
$$\subseteq L$$

なので M 上の $f(x)$ の分解体は L である.(1) により,$L \supset M$ はガロア拡大.

(3) $[L : K] < \infty$ ならば,補題 4.23 により $L = K(\alpha_1, \ldots, \alpha_r)$ とあらわされる.それぞれの α_i の K 上の既約多項式を $f_i(x) \in K[x]$ とおき,それらの積 $F(x) := f_1(x) f_2(x) \cdots f_r(x)$ を取って,K 上の $F(x)$ の分解体を $\tilde{L}$ とおけば良い. □

定義 4.30

L/K はガロア拡大,$G = \mathrm{Gal}(L/K)$ はそのガロア群とする.つまり,G の元 $g \in G$ とは $g : L \to L$ なる K 上の体の同型である.L の部分集合 $M \subset L$ に対し,G の部分集合 H_M を

$$H_M := \{g \in G |\ 任意の\ c \in M\ に対し\ g(c) = c\}$$

と定義する.すなわち M の元を動かさない G の元全体が H_M である.一方,G の部分集合 $H \subset G$ に対し L の部分集合 M_H を

$$M_H = \{c \in L |\ 任意の\ h \in H\ に対し\ h(c) = c\}$$

と定義する.すなわち H のどの元によっても動かない L の元全体が M_H である.

補題 4.31

(1) L の任意の部分集合 M に対し $H_M \subset G$ は G の部分群となる．

(2) G の任意の部分集合 H に対し，M_H は K を含む体となる．

[証明] (1) まず恒等写像 $1 \in G$ は L のどの元も動かさないので，$H_M \ni 1$ である．$g, h \in H_M$ なら任意の $c \in M$ に対し $(g \circ h)(c) = g(h(c)) = g(c) = c$ なので，$g \circ h \in H_M$ となる．また $g \in H_M$ なら任意の $c \in M$ に対して $g(c) = c$ なので，両辺を g^{-1} で送って $g^{-1}(g(c)) = g^{-1}(c)$ より $c = g^{-1}(c)$ となり，$g^{-1} \in H_M$ がわかる．よって H_M は G の部分群となる．

(2) $a, b \in M_H$ とし，$\diamond$ は $+, -, \times, \div$ のどれかとする．さらに $\diamond = \div$ の場合は $b \neq 0$ とする．任意の $h \in H$ に対し h は四則演算を保つので $h(a \diamond b) = h(a) \diamond h(b) = a \diamond b$ が成り立ち，$a \diamond b \in M_H$ となる．また，$c \in K$ ならば，h が K 上の体同型なので $h(c) = c$ となり，よって $K \subset M_H$ となる．特に $1 \in M_H$ となり，M_H は K を含む体となることが確かめられた． □

定義 4.32

上の補題により，H_M を M の固定部分群と呼ぶ．L/K が体の拡大のとき，M がその中間体であるとは M が体で $K \subset M \subset L$ となることと定義する．M_H を H の固定中間体と呼ぶ．

次の命題を準備したら，ガロア理論の基本定理の証明はすぐである．

命題 4.33

K を体とし，$\{\varphi_1, \ldots, \varphi_n\}$ は互いに相異なる K から K への体の同型で，写像の合成を演算として群をなすとする．すなわち任意の $1 \leq i, j \leq n$ に対し $\varphi_i \circ \varphi_j$ と φ_i^{-1} は $\{\varphi_1, \ldots, \varphi_n\}$ に含まれるものとする．このとき，$\{\varphi_1, \ldots, \varphi_n\}$ の固定部分体を M とおくと，$[K:M] = n$ が成り立つ．特に K/M は $\{\varphi_1, \ldots, \varphi_n\}$ をガロア群とする拡大次数 n のガロア拡大である．

[証明] M が体となることの証明は，補題 4.31 の証明と同様にできる．もし $[K:M] < n$ ならば，これは命題 4.26(3) と矛盾するので，ありえない．よって逆の不等号を示すために，K の元を任意に $n+1$ 個取ってくれば，これらが M 上線形従属になることを示せば良い．K の元 $a_1, a_2, \ldots, a_{n+1}$ を任意に取ってくる．

ここで次のような連立一次方程式を考える．

$$\begin{cases} \varphi_1^{-1}(a_1)x_1 + \varphi_1^{-1}(a_2)x_2 + \cdots + \varphi_1^{-1}(a_{n+1})x_{n+1} = 0 \\ \varphi_2^{-1}(a_1)x_1 + \varphi_2^{-1}(a_2)x_2 + \cdots + \varphi_2^{-1}(a_{n+1})x_{n+1} = 0 \\ \quad \vdots \qquad\qquad \vdots \qquad\qquad \vdots \qquad\qquad \vdots \\ \varphi_n^{-1}(a_1)x_1 + \varphi_n^{-1}(a_2)x_2 + \cdots + \varphi_n^{-1}(a_{n+1})x_{n+1} = 0 \end{cases}$$

これは $n+1$ 変数で n 個の式があり，斉次形なのでかならず非自明な解が存在する．すなわち解 $(x_1, x_2, \ldots, x_{n+1})$ で，例えば $x_i \neq 0$ となるものが存在する．掃き出し法の計算は四則演算でできるので，各 x_j は K の元として良い．x_1 から x_{n+1} を一斉に x_i で割ってもやはり解なので，最初から $x_i = 1$ としてよい．

さて，この方程式の第 j 行目に φ_j を作用させて，1 行目から n 行目までを足し合わせよう．

$$\begin{array}{cccccc}
a_1\varphi_1(x_1) + & a_2\varphi_1(x_2) & + \cdots + & a_{n+1}\varphi_1(x_1) & = 0 \\
a_1\varphi_2(x_1) + & a_2\varphi_2(x_2) & + \cdots + & a_{n+1}\varphi_2(x_1) & = 0 \\
\vdots & \vdots & \vdots & \vdots & \vdots \\
+)\ a_1\varphi_n(x_1) + & a_2\varphi_n(x_2) & + \cdots + & a_{n+1}\varphi_n(x_1) & = 0 \\
\hline
a_1\sum_j \varphi_j(x_1) + & a_2\sum_j \varphi_j(x_2) & + \cdots + & a_{n+1}\sum_j \varphi_j(x_{n+1}) & = 0
\end{array}$$

ここで

$$\sum_j \varphi_j(x_k) = \varphi_1(x_k) + \varphi_2(x_k) + \cdots + \varphi_n(x_k)$$

は全ての φ_ℓ で固定される．実際，$\varphi_\ell(\sum_j \varphi_j(x_k)) = \sum_j (\varphi_\ell \circ \varphi_j)(x_k)$ において j が 1 から n まで動くとき，$\varphi_\ell \circ \varphi_j = \varphi_m$ と書くと，m も全体として 1 から n までちょうど 1 回ずつあらわれるので，和を取れば変わらないからである．そこで $\sum_j \varphi_j(x_k) =: c_k$ と書くと，$c_1, c_2, \ldots, c_{n+1}$ は全て M の元になり，

$$a_1 c_1 + a_2 c_2 + \cdots + a_{n+1} c_{n+1} = 0$$

という式が得られた．しかも $x_i = 1$ なので $c_i = \sum_j \varphi_j(1) = n \neq 0$ となり，少なくともひとつの係数が 0 でない．すなわち $\{a_1, a_2, \ldots, a_{n+1}\}$ という集合は M 上一次独立ではない．

よって K の中から $n+1$ 個の M 上一次独立な組を取ることはできないこと，つまり $[K:M] < n+1$ となることが証明された．$[K:M] \geq n$ と合わせて $[K:M] = n$ が示された．M の K 上の体の自己同型は $\{\varphi_1, \ldots, \varphi_n\}$ を含むが，その他にあると命題 4.26 (3) と矛盾するのでこれで全てである．

よって自己同型群の個数と拡大次数が一致し，K/M は $\{\varphi_1, \ldots, \varphi_n\}$ をガロア群とするガロア拡大であることがわかった． □

命題 4.33 の証明の途中で $c_i = n \neq 0$ の部分で標数が 0 であるこ

とを使ったが，命題そのものは正標数でも成り立つ．

定理 4.34　ガロア理論の基本定理

L/K はガロア拡大，$G = \mathrm{Gal}(L/K)$ はそのガロア群とする．このとき，L/K の中間体 M に対し M の固定部分群 H_M を対応させ，逆に G の部分群 H に対して H の固定中間体 M_H を対応させると，これらは L/K の中間体全体と G の部分群全体との間の互いに逆な全単射となる．しかもこの対応は，包含関係を逆転する．

[証明]　L/K の任意の中間体 N に対して $M_{H_N} = N$ であり，G の任意の部分群 I に対して $H_{M_I} = I$ となることを示せば良い．

まず中間体 N に対し，定理 4.29(2) により L/N はガロア拡大，よって L の N 上の体の自己同型の個数はちょうど $[L:N]$ 個ある．L の N 上の自己同型とは，L の K 上の自己同型のうちで N の元を動かさないものに他ならない．よって H_N の元の個数はちょうど $[L:N]$ 個である．任意の $g \in H_N$ は N の元を動かさないので H_N の固定中間体 M_{H_N} は N を含む，つまり $M_{H_N} \supset N$ が成り立つ．ここでもし等号が成り立たず，$M_{H_N} \supsetneq N$ だったとすると，$[L:M_{H_N}] < [L:N]$ となるが，H_N に含まれる $[L:N]$ 個の L の体同型は全て M_{H_N} 上の体同型なので，これは命題 4.26(3) に反する．よって等号が成り立ち，$M_{H_N} = N$ となる．

$I = H_{M_I}$ の証明にとりかかろう．I の元の個数が n 個とすると，命題 4.33 により $[L:M_I] = n$ であり，また L/M_I はガロア拡大である．したがって H_{M_I} の元の個数は $[L:M_I] = n$ 個である．I の元は M_I の元を固定するので，I は H_{M_I} に含まれる．すなわち $I \subseteq H_{M_I}$ であり，しかもどちらも元の個数が n 個なので，等号が成立する．すなわち $I = H_{M_I}$ である．

$H_1 \subset H_2$ なら，H_2 の全ての元で固定される L の元は H_1 でも固定されるので，$M_{H_1} \supset M_{H_2}$ である．逆に $M_1 \subset M_2$ なら，M_2 の元を全て固定する G の元は M_1 の元も固定するので $H_{M_1} \supset H_{M_2}$ となる．これでガロア理論の基本定理が証明された． □

4.5 ガロア拡大とガロア群の例

ガロア拡大とガロア群の例をいくつか見ておこう．

例 4.35

$\mathbb{C}$ は $\mathbb{R}$ 上 $x^2 + 1 = 0$ の分解体なので（あるいは例 4.10 により）ガロア拡大である．そのガロア群は $\{\mathrm{id}_\mathbb{C}, 複素共役\}$ であり，抽象群としては位数 2 の巡回群 $\mathbb{Z}/2\mathbb{Z}$ と同型である．

同様に，$\mathbb{Q}(\sqrt{2})$ は $\mathbb{Q}$ 上 $x^2 - 2 = 0$ の分解体なので（あるいは例 4.11 により）ガロア拡大である．そのガロア群は $\{\mathrm{id}_{\mathbb{Q}(\sqrt{2})}, \psi\}$，ただし $\psi(a + b\sqrt{2}) = a - b\sqrt{2}$，であり，抽象群としてはこれも位数 2 の巡回群 $\mathbb{Z}/2\mathbb{Z}$ と同型である．

より一般に，次の命題が成り立つ．

命題 4.36

$K \subset L \subset \mathbb{C}$ が体であり，$[L:K] = 2$ であれば，L/K はガロア拡大であり，そのガロア群は位数 2 の巡回群 $\mathbb{Z}/2\mathbb{Z}$ と同型である．このとき $a \in K$ が存在して $L = K(\sqrt{a})$ とあらわすことができる（標数が 2 でない場合のみ）．

[証明] 任意に $b \in L \backslash K$ を取る．$b \notin K$ なので 1 と b は K 上一次独立であり，L は K 上 2 次元なので，$\{1, b\}$ は L の K 上の基底となる．よって $b^2 \in L$ はこの基底を用いて $b^2 = s \cdot 1 + t \cdot b$ とあらわすことができる．ただし $s, t \in K$ である．すなわち b は K 係数の 2 次方程式 $x^2 - tx - s = 0$ の解であり，2 次方程式の解の公式により $b = \dfrac{t \pm \sqrt{t^2 + 4s}}{2}$ とあらわすことができる．

すると $\sqrt{t^2 + 4s} = \pm(2b - t) \in L$ である．もし $\sqrt{t^2 + 4s} \in K$ ならば $b = \dfrac{t \pm \sqrt{t^2 + 4s}}{2} \in K$ となり，$b \notin K$ という仮定に反するので，$\sqrt{t^2 + 4s} \in L \backslash K$ となる．よって $K(\sqrt{t^2 + 4s})$ は L の部分体で K を真に含む．次数公式により $[L : K(\sqrt{t^2 + 4s})]$ は 2 の約数なので 1 または 2 であるが，$[K(\sqrt{t^2 + 4s}) : K] > 1$ より $[L : K(\sqrt{t^2 + 4s})] = 1$，すなわち $L = K(\sqrt{t^2 + 4s})$ となることがわかった．$a = t^2 + 4s$ とおけば $L = K(\sqrt{a})$ が成り立つ．

$\sqrt{a} \notin K$ より $\sqrt{a}$ の既約多項式は $x^2 - a$ なので，その共役元は $\pm \sqrt{a} \in L$ となる．よって L は K 上 $x^2 - a$ の分解体であり，K のガロア拡大である．$\beta_1 = \sqrt{a}, \beta_2 = -\sqrt{a}$ とおき，$\varphi_i : L \to L$ は $\varphi_i(\sqrt{a}) = \beta_i$ を満たす K 上の体の同型とすると $\varphi_1(s + t\sqrt{a}) = s + t\sqrt{a}$ なので φ_1 は恒等写像，$\varphi_2(s + t\sqrt{a}) = s - t\sqrt{a}$ であり，$\varphi_2 \circ \varphi_2(s + t\sqrt{a}) = \varphi_2(s - t\sqrt{a}) = s + t\sqrt{a}$ なので，$\varphi_2 \circ \varphi_2 = \varphi_1$ となる．つまり $\mathrm{Gal}(L/K) = \{\varphi_1, \varphi_2\}$ は φ_2 が生成する位数 2 の巡回群である． □

例 4.37

例 4.13 により，$\mathbb{Q}(\sqrt[3]{2})/\mathbb{Q}$ はガロア拡大ではない．$\sqrt[3]{2}$ の既約多項式は $x^3 - 2$ なので，$\mathbb{Q}$ 上 $x^3 - 2$ の分解体を L とすると，$\omega = \dfrac{-1 + \sqrt{-3}}{2}$ とおいて $L = \mathbb{Q}(\sqrt[3]{2}, \omega\sqrt[3]{2}, \omega^2\sqrt[3]{2}) = \mathbb{Q}(\sqrt[3]{2},$

$\sqrt{-3}$) となる．定理 4.29 により $L/\mathbb{Q}$ はガロア拡大である．

$$[L:\mathbb{Q}] = [\mathbb{Q}(\sqrt[3]{2})(\sqrt{-3}):\mathbb{Q}(\sqrt[3]{2})] \cdot [\mathbb{Q}(\sqrt[3]{2}):\mathbb{Q}] = 2 \cdot 3 = 6$$

より，$[L:\mathbb{Q}]$ は 6 次拡大となり，L の $\mathbb{Q}$ 上の体同型写像は合計 6 つあるはずである．この 6 つをみつけよう．

$\sqrt[3]{2}, \omega\sqrt[3]{2}, \omega^2\sqrt[3]{2}$ はいずれも $\mathbb{Q}$ 上の既約多項式が x^3-2 なので，$\varphi:L\to L$ が $\mathbb{Q}$ 上の体の同型写像であれば，命題 4.7 により $\{\sqrt[3]{2},\omega\sqrt[3]{2},\omega^2\sqrt[3]{2}\}$ の元は φ によって $\{\sqrt[3]{2},\omega\sqrt[3]{2},\omega^2\sqrt[3]{2}\}$ のどれかへと写される．つまり $X = \{\sqrt[3]{2},\omega\sqrt[3]{2},\omega^2\sqrt[3]{2}\} \subset L$ とおくと $\varphi(X)\subset X$ である．φ は単射なので（命題 4.3 より，あるいは定義から φ は全単射），$\{\sqrt[3]{2},\omega\sqrt[3]{2},\omega^2\sqrt[3]{2}\}$ から $\{\sqrt[3]{2},\omega\sqrt[3]{2},\omega^2\sqrt[3]{2}\}$ への単射を定めるが，元の個数が同じなので，これは全単射になる．つまり全単射 $\varphi:L\to L$ はその部分集合 X に制限しても $\varphi_{|X};X\to X$ なる全単射を定める．

ところで，L は $\mathbb{Q}$ に X の元を付け加えて得られた体であった．つまり $\mathbb{Q}$ の元と X の元を材料に四則演算で自由に組み合わせて作ることができる数全体が L なのである．φ は四則演算を保つ写像なので，X の元の行き先が決まってしまえば，L 全体の写像としてただ一つに定まってしまう．ところが X の元の個数は 3 なので，X から X への全単射は $3! = 6$ つしかない．一方，$L/\mathbb{Q}$ はガロア拡大であり，そのガロア群の元は 6 つの元からなる．すなわち，X から X への全単射は全て $L\to L$ なる体の同型にただ一通りに拡張できることがわかった．

X から X への写像から具体的に体の同型写像を作る方法をご紹介しよう．

$\mathbb{Q}(\sqrt[3]{2})/\mathbb{Q}$ の基底は $\{1,\sqrt[3]{2},\sqrt[3]{4}\}$ であり，$L/\mathbb{Q}(\sqrt[3]{2})$ の基底は $\{1,\omega\}$ なので，次数公式（定理 2.38）の証明により，$L/\mathbb{Q}$ の

基底は

$$\{1, \sqrt[3]{2}, \sqrt[3]{4}, \omega, \omega\sqrt[3]{2}, \omega\sqrt[3]{4}\}$$

である．これらの基底の行き先がわかれば，体準同型の実際の写像は $\mathbb{Q}$ 上線形に拡張することで求まる．例えば $\mathrm{Gal}(L/\mathbb{Q}) \ni \varphi$ が

$$\varphi(\sqrt[3]{2}) = \omega^2 \sqrt[3]{2}$$
$$\varphi(\omega\sqrt[3]{2}) = \omega\sqrt[3]{2}$$
$$\varphi(\omega^2\sqrt[3]{2}) = \sqrt[3]{2}$$

となっていたとすると，

$$\varphi(\sqrt[3]{4}) = \varphi\left(\sqrt[3]{2}^2\right) = \varphi(\sqrt[3]{2})^2 = \left(\omega^2\sqrt[3]{2}\right)^2 = \omega\sqrt[3]{4}$$
$$\varphi(\omega) = \varphi\left(\frac{\omega\sqrt[3]{2}}{\sqrt[3]{2}}\right) = \frac{\varphi(\omega\sqrt[3]{2})}{\varphi(\sqrt[3]{2})} = \frac{\omega\sqrt[3]{2}}{\omega^2\sqrt[3]{2}} = \omega^2$$

なので，

$$\varphi(\omega\sqrt[3]{2}) = \varphi(\omega)\varphi(\sqrt[3]{2}) = \omega^2\omega^2\sqrt[3]{2} = \omega\sqrt[3]{2}$$
$$\varphi(\omega\sqrt[3]{4}) = \varphi(\omega)\varphi(\sqrt[3]{4}) = \omega^2\omega\sqrt[3]{4} = \sqrt[3]{4}$$

となる．よって $a,b,c,d,e,f \in \mathbb{Q}$ に対し，$\omega^2 = -1-\omega$ を使って

$$\varphi(a + b\sqrt[3]{2} + c\sqrt[3]{4} + d\omega + e\omega\sqrt[3]{2} + f\omega\sqrt[3]{4})$$
$$= a + b(\omega^2\sqrt[3]{2}) + c(\omega\sqrt[3]{4}) + d\omega^2 + e\omega\sqrt[3]{2} + f\sqrt[3]{4}$$
$$= (a-d) + (-b)\sqrt[3]{2} + f\sqrt[3]{4} + (-d)\omega + (e-b)\omega\sqrt[3]{2} + c\omega\sqrt[3]{4}$$

と写像が決定できる．基底 $\{1, \sqrt[3]{2}, \sqrt[3]{4}, \omega, \omega\sqrt[3]{2}, \omega\sqrt[3]{4}\}$ のもとで φ を行列表示すると

$$\begin{pmatrix} 1 & 0 & 0 & -1 & 0 & 0 \\ 0 & -1 & 0 & 0 & 0 & 0 \\ 0 & 0 & 0 & 0 & 0 & 1 \\ 0 & 0 & 0 & -1 & 0 & 0 \\ 0 & -1 & 0 & 0 & 1 & 0 \\ 0 & 0 & 1 & 0 & 0 & 0 \end{pmatrix}$$

となる.

φ は X 上で見ると $\sqrt[3]{2}$ と $\omega^2\sqrt[3]{2}$ の入れ替えなので位数が 2 であり, φ が生成する部分群 $\{\mathrm{id}_L, \varphi\}$ の固定中間体は $\mathbb{Q}(\omega\sqrt[3]{2})$ である (線形代数で等式 $\varphi(x) = x$ を解いても求まるが, 明らかに固定中間体は $\omega\sqrt[3]{2}$ を含み, $\mathbb{Q}$ 上の拡大次数が 3 になるはずなので $\mathbb{Q}(\omega\sqrt[3]{2})$ に一致せざるを得ない). X の自己同型群の位数 2 の部分群は他に 2 つあり, 対応する中間体は $\mathbb{Q}(\sqrt[3]{2})$ と $\mathbb{Q}(\omega^2\sqrt[3]{2})$ となる. $\psi : X \to X$ を

$$\psi(\sqrt[3]{2}) = \omega\sqrt[3]{2}, \quad \psi(\omega\sqrt[3]{2}) = \omega^2\sqrt[3]{2}, \quad \psi(\omega^2\sqrt[3]{2}) = \sqrt[3]{2}$$

で定めると ψ の位数は 3 であり, ψ が生成する部分群 $\{\mathrm{id}_L, \psi, \psi^2\}$ の固定中間体は $\mathbb{Q}(\omega) = \mathbb{Q}(\sqrt{-3})$ である. ガロアの基本定理により, $L/\mathbb{Q}$ の真の中間体はこれが全てである.

例 4.37 で見たように, L が K 上 $f(x) \in K[x]$ の分解体なら, $\varphi \in \mathrm{Gal}(L/K)$ は $f(x) = 0$ の解の置換を引き起こし, その置換によって写像 φ が定まる. ただし例 4.37 のように全ての置換が実現するとは限らず, 一般には次の例 4.38 あるいは例 4.39 のように, 解の置換のうち特定のものだけが体の同型写像に拡張することになる.

例 4.38

$L = \mathbb{Q}(\sqrt{2}, \sqrt{3})$ とおくと，これは $\mathbb{Q}$ 上 $f(x) = (x^2-2)(x^2-3)$ の分解体なので，$L/\mathbb{Q}$ はガロア拡大である．$f(x) = 0$ の解は $\{\sqrt{2}, -\sqrt{2}, \sqrt{3}, -\sqrt{3}\}$ であるが，体の準同型によって $\sqrt{2}$ の行き先は $x^2 - 2 = 0$ の解，すなわち $\pm\sqrt{2}$ へしか行けない．

同様に $\sqrt{3}$ の行き先は $\pm\sqrt{3}$ のどちらかである．逆に $\sqrt{2}$ の行き先を $\{\sqrt{2}, -\sqrt{2}\}$ から選び，$\sqrt{3}$ の行き先を $\{\sqrt{3}, -\sqrt{3}\}$ から選ぶ選び方は全部で 4 通りあるが，$[L : \mathbb{Q}] = 4$ なので，この 4 通りの選び方は全て実現する．L の $\mathbb{Q}$ 上の基底は $\{1, \sqrt{2}, \sqrt{3}, \sqrt{6}\}$ だったので，

$$\varphi_1(a + b\sqrt{2} + c\sqrt{3} + d\sqrt{6}) = a + b\sqrt{2} + c\sqrt{3} + d\sqrt{6}$$
$$\varphi_2(a + b\sqrt{2} + c\sqrt{3} + d\sqrt{6}) = a - b\sqrt{2} + c\sqrt{3} - d\sqrt{6}$$
$$\varphi_3(a + b\sqrt{2} + c\sqrt{3} + d\sqrt{6}) = a + b\sqrt{2} - c\sqrt{3} - d\sqrt{6}$$
$$\varphi_4(a + b\sqrt{2} + c\sqrt{3} + d\sqrt{6}) = a - b\sqrt{2} - c\sqrt{3} + d\sqrt{6}$$

とおくと（ただし $a, b, c, d \in \mathbb{Q}$），$G = \mathrm{Gal}(L/\mathbb{Q}) = \{\varphi_1, \varphi_2, \varphi_3, \varphi_4\}$ である．$\varphi_i(\sqrt{6}) = \varphi_i(\sqrt{2}\sqrt{3}) = \varphi_i(\sqrt{2})\varphi_i(\sqrt{3})$ によって計算したことに注意しよう．この群において φ_1 は単位元，$\varphi_2, \varphi_3, \varphi_4$ は位数が 2 であり，この群の部分群は $G, \{\varphi_1\}, \{\varphi_1, \varphi_2\}, \{\varphi_1, \varphi_3\}, \{\varphi_1, \varphi_4\}$ の計 5 つとなる．それぞれ固定中間体は $\mathbb{Q}, L, \mathbb{Q}(\sqrt{3}), \mathbb{Q}(\sqrt{2}), \mathbb{Q}(\sqrt{6})$ となり，これ以外には中間体は存在しない．

2 章で $\sqrt{2} + \sqrt{3}$ が 4 次の無理数であることを計算で示したが，中間体が全てわかってしまえば，$\sqrt{2} + \sqrt{3}$ がどの真中間体にも含まれないことから直ちに 4 次の無理数であることがわかる．実際，$\alpha = a + b\sqrt{2} + c\sqrt{3} + d\sqrt{6}$ において，b, c, d のうち 2 つ以上が 0 でなければ，α を含む真の中間体はなく，$\mathbb{Q}$ と α を含む最小の体は L になる．つまり $\mathbb{Q}(\alpha) = L$ となり，

α は 4 次の代数的数であることがわかる．

例 4.39

$\alpha = 2\cos\dfrac{2\pi}{7}$ とする．このとき，$\mathbb{Q}(\alpha)/\mathbb{Q}$ がガロア拡大で，そのガロア群が位数 3 の巡回群 $\mathbb{Z}/3\mathbb{Z}$ と同型になることを確かめよう．

まず，倍角，3 倍角，4 倍角の公式を思い出しておく．

$\cos 2x = 2\cos^2 - 1$

$\cos 3x = 4\cos^3 x - 3\cos x$

$\cos 4x = 2(2\cos^2 x - 1)^2 - 1 = 8\cos^4 x - 8\cos^2 x + 1$

ここで次の図 4-1 のように，原点を中心とする半径 1 の円に内接する正 7 角形を考えると，$\theta = \dfrac{2\pi}{7}$ とおくときに $\cos 3\theta = \cos 4\theta$ が成り立つことがわかる．

よって 3 倍角，4 倍角の公式により

$$4\cos^3\theta - 3\cos\theta = 8\cos^4\theta - 8\cos^2\theta + 1$$

となり，移項して 2 倍すると

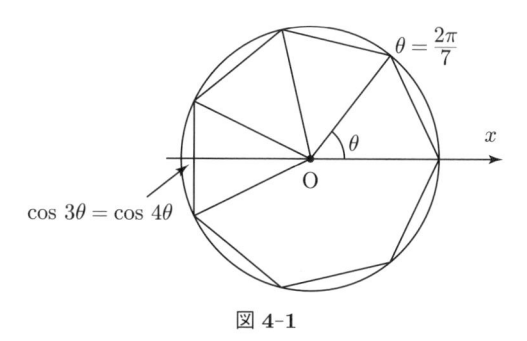

図 4-1

$$0 = 16\cos^4\theta - 8\cos^3\theta - 16\cos^2\theta + 3\cos\theta + 2$$
$$= \alpha^4 - \alpha^3 - 4\alpha^2 + 3\alpha + 2$$

となる．ところで $\cos 3\theta = \cos 4\theta$ は $\cos\theta = 1$（よって $\theta = 2n\pi, n \in \mathbb{Z}$）の場合にも成り立つので，この式は $\alpha - 2$ で割り切れ，

$$0 = \alpha^4 - \alpha^3 - 4\alpha^2 + 3\alpha + 2 = (\alpha - 2)(\alpha^3 + \alpha^2 - 2\alpha - 1)$$

が得られる．$\alpha \neq 2$ なので，α は方程式 $x^3 + x^2 - 2x - 1 = 0$ の解である．$x = 1, x = -1$ を $x^3 + x^2 - 2x - 1$ に代入するとそれぞれ $-1, 1$ となり，これらは解ではない．よってガウスの補題（定理 3.12）により，$x^3 + x^2 - 2x - 1$ は $\mathbb{Q}$ 上既約であり，α は $\mathbb{Q}$ 上 3 次の代数的数であることがわかる．

ところで，$\cos 7\theta = 1$（よって $\sin 7\theta = 0$）であれば三角関数の加法公式 $\cos(a+b) = \cos a\cos b - \sin a\sin b$ に $a = 7\theta, b = -3\theta$ を代入して $\cos 4\theta = \cos 3\theta$ が成り立つことがわかる．特に，$2\cos\dfrac{4\pi}{7}, 2\cos\dfrac{6\pi}{7}$ も方程式 $x^3 + x^2 - 2x - 1 = 0$ の解になる．倍角，3 倍角の公式により，

$$2\cos\frac{4\pi}{7} = 4\cos^2\frac{2\pi}{7} - 2 = \alpha^2 - 2$$
$$2\cos\frac{6\pi}{7} = 8\cos^3\frac{2\pi}{7} - 6\cos\frac{2\pi}{7} = \alpha^3 - 3\alpha$$

となるので，α の共役元は $\alpha, \alpha^2 - 2, \alpha^3 - 3\alpha$ の 3 つとなる（ただし $\alpha^3 + \alpha^2 - 2\alpha - 1 = 0$ を使うと $\alpha^3 - 3\alpha = -\alpha^2 - \alpha + 1$ と書きかえられる）．特に α の共役元は全て $\mathbb{Q}(\alpha)$ に含まれ，$\mathbb{Q}(\alpha)$ は $\mathbb{Q}$ 上 $x^3 + x^2 - 2x - 1$ の分解体となるので定理 4.29 (1) により $\mathbb{Q}(\alpha)$ は $\mathbb{Q}$ 上 3 次のガロア拡大である．そのガロア群 G は位数が素数 3 の群なので自動的に巡回群となるが，G の構

成から具体的に計算して確かめてみることにしよう.

$\varphi_i : \mathbb{Q}(\alpha) \to \mathbb{Q}(\alpha)$ を

$$\varphi_1(\alpha) = \alpha, \varphi_2(\alpha) = \alpha^2 - 2, \varphi_3(\alpha) = \alpha^3 - 3\alpha$$

により定める. φ_1 は恒等写像である. $\varphi_2(\alpha^2 - 2)$ を計算してみよう.

$$\begin{aligned}\varphi_2(\alpha^2 - 2) &= \varphi_2(\alpha)^2 - 2 \\ &= (\alpha^2 - 2)^2 - 2 \\ &= \alpha^4 - 4\alpha^2 + 2 \\ &= (\alpha - 1)(\alpha^3 + \alpha^2 - 2\alpha - 1) - \alpha^2 - \alpha + 1 \\ &= -\alpha^2 - \alpha + 1\end{aligned}$$

となり, $\alpha^2 - 2$ はもう一つの共役元 $-\alpha^2 - \alpha + 1$ へ送られる. よって $\varphi_2 \circ \varphi_2(\alpha) = \varphi_3(\alpha)$ であり, φ_i は α の像によって定まるので $\varphi_2^2 = \varphi_3$ であることが確かめられた. 同様に φ_2^3 を計算するには $\varphi_2(-\alpha^2 - \alpha + 1)$ を計算すればよい.

$$\begin{aligned}\varphi_2(-\alpha^2 - \alpha + 1) &= \varphi_2(\alpha)^2 - \varphi(\alpha) + 1 \\ &= -(\alpha^2 - 2)^2 - (\alpha^2 - 2) + 1 \\ &= -\alpha^4 + 3\alpha^2 - 1 \\ &= (-\alpha + 1)(\alpha^3 + \alpha^2 - 2\alpha - 1) + \alpha \\ &= \alpha\end{aligned}$$

より $\varphi_2^3 = \varphi_1$ となり, ガロア群 $\mathrm{Gal}(\mathbb{Q}(\alpha)/\mathbb{Q})$ は φ_2 が生成する位数 3 の巡回群であることが確かめられた. $x^3 + x^2 - 2x - 1 = 0$ の 3 つの根 $\{\alpha, \alpha^2 - 2, -\alpha^2 - \alpha + 1\}$ の置換, ということで考えると, $\mathrm{Gal}(\mathbb{Q}(\alpha)/\mathbb{Q})$ はこの 3 つの元の偶置換 3 つか

らなる 3 次の交代群になっていることがわかる．

ここまで具体例を調べてきたが，その手順のうちのいくつかは一般の場合にも通用する．それをここでまとめておこう．

定理 4.40

$K \subset \mathbb{C}$ は体，$f(x) \in K[x]$ は K 係数の多項式で，$f(x) = 0$ の解全体がなす集合を $\{\alpha_1, \ldots, \alpha_r\}$ とおく．$L \subset \mathbb{C}$ は K 上の $f(x)$ の分解体とする．すなわち $L = K(\alpha_1, \ldots, \alpha_r)$ とする．このとき定理 4.29（1）により L/K はガロア拡大であるが，そのガロア群 $G = \mathrm{Gal}(L/K) = \{\varphi_1, \ldots, \varphi_d\}$ はそれぞれ $\{\alpha_1, \ldots, \alpha_r\}$ から $\{\alpha_1, \ldots, \alpha_r\}$ への全単射を定める．しかもその全単射から，写像 φ_i を復元することができる．言い換えると，$\mathfrak{S}_{\{\alpha_1, \ldots, \alpha_r\}}$ を集合 $\{\alpha_1, \ldots, \alpha_r\}$ から自分自身への全単射全体がなす群とするとき，

$$G \to \mathfrak{S}_{\{\alpha_1, \ldots, \alpha_r\}}$$

なる群の単射準同型が存在する．

[証明] α_i の K 上の既約多項式を $p(x) \in K[x]$ とおくと，定理 2.17（3）により $p(x)$ は $f(x)$ を割り切る，つまり $f(x) = p(x)h(x)$ とあらわされる．α_i の共役元 β を取ると $p(\beta) = 0$ なので $f(\beta) = p(\beta)h(\beta) = 0$ となり，$\beta \in \{\alpha_1, \ldots, \alpha_r\}$ となる．つまり α_i の共役元は全て $\{\alpha_1, \ldots, \alpha_r\}$ の中に入る．体の埋め込み $K(\alpha_i) \to L$ と φ_j を合成したものは系 4.2 により体の準同型なので，命題 4.7 により $\varphi_j(\alpha_i)$ は α_i の共役元となり，$\{\alpha_1, \ldots, \alpha_r\}$ の中に入る．よって φ_j を $\{\alpha_1, \ldots, \alpha_r\}$ に制限するとその像は $\{\alpha_1, \ldots, \alpha_r\}$ に入る．φ_j は単射なので，$\{\alpha_1, \ldots, \alpha_r\}$ に定義域を制限しても単射であり，

個数が同じなので φ_j は $\{\alpha_1,\ldots,\alpha_r\}$ から $\{\alpha_1,\ldots,\alpha_r\}$ への全単射を定める．

$L = K(\alpha_1,\ldots,\alpha_r)$ の元は K の元と $\{\alpha_1,\ldots,\alpha_r\}$ を材料に四則演算で組み合わせてできる数全体がなす集合なので，各 φ_j の $\{\alpha_1,\ldots,\alpha_r\}$ 上での値が決まれば L 上での値が決まる（φ_j の実際の復元方法は例 4.37 の真似をせよ）．

G から $\mathfrak{S}_{\{\alpha_1,\ldots,\alpha_r\}}$ への写像は定義域と値域を L から $\{\alpha_1,\ldots,\alpha_r\}$ へ制限するだけであり，合成を保つ．すなわち先に L 全体の写像と思って2つの体同型を合成してから定義域を制限しても，それぞれを $\{\alpha_1,\ldots,\alpha_r\}$ 上の写像だと見なしてから合成しても，結局同じ写像になる．群の演算，すなわち写像の合成を保つので，この写像は群の準同型である． □

ガロアの基本定理から容易にわかる有用な結果を，この章の最後に紹介しておこう．

命題 4.41

L/K が有限次拡大であれば，これは単純拡大である．すなわち，$\alpha \in L$ をうまくとれば，$L = K(\alpha)$ である（標数 0 の場合のみ）．

［証明］ 定理 4.29 (3) により，L の有限次拡大体 $\tilde{L}$ が存在して $\tilde{L}/K$ はガロア拡大となる．そのガロア群 G は有限群であり，その部分集合は有限個なので，$\tilde{L}/K$ の中間体も有限個しかない．L/K の中間体は全て $\tilde{L}/K$ の中間体でもあるので，L/K の中間体も有限個である．ここで $M \subsetneq L$ が真の中間体であれば，M は K 上の線形空間として L の真部分線形空間である．ところが，有限個の真部分空間の和集合は，次の補題により全体にはなりえない．

補題 4.42

L が K 上の有限次元線形空間，$M_1, M_2, \ldots, M_n$ は L の K 真部分線形空間であるとする．すると和集合 $M_1 \cup M_2 \cup \cdots \cup M_n$ は L 全体にはなり得ない（無限体の場合のみ．特に標数 0 なら成り立つ）．

[補題 4.42 の証明] 例えば L の K 上の基底 $\{e_1, \ldots, e_n\}$ を取り，L の元をこの基底を用いて $(a_1, a_2, \ldots, a_n)$ というように成分表示すると，真部分空間 M では掃き出し法により少なくとも 1 つの 0 でない 1 次式 $c_1 x_1 + c_2 x_2 + \cdots + c_n x_n$ がとれて，「$(a_1, a_2, \ldots, a_n)$ が M の元なら $c_1 a_1 + \cdots + c_n a_n = 0$ が成り立つ」というようにできる．

さて，真部分空間の個数について帰納法を使おう．真部分空間が 1 つだけなら，当然その真部分空間に含まれない元が存在する．$N-1$ 個の真部分空間の和集合が全体にならないことがわかっているとして，N 個でも全体にならないことを示そう．

N 個目の真部分空間の 1 次式を $c_1 x_1 + \cdots + c_n x_n = 0$ としよう．これは多項式として 0 ではないので，例えば $c_1 \neq 0$ としてよい．帰納法の仮定により，最初の $N-1$ 個の真部分空間のどれにも含まれない元 $(a_1, a_2, \ldots, a_n)$ が取れる．ここで最初のそれぞれの真部分空間 M_i に対して，$a_2, a_3, \ldots, a_n$ を固定して x_1 を変数とした時，$(x_1, a_2, a_3, \ldots, a_n)$ が M_i に含まれるような x_1 の値は高々 1 つであることに注意しよう．よって x_1 としては高々 $N-1$ 個の値を避ければ，最初の $N-1$ 個の真部分空間には含まれない．N 個目の真部分空間 M_N についても，$c_1 \neq 0$ なので，$x_1 \neq -\dfrac{1}{c_1}(c_2 a_2 + c_3 a_3 + \cdots + c_n a_n)$ とすれば M_N には入らない．よって x_1 の値は K 内の高々 N 個の値を避ければ全ての M_i を避けることができる．K は無限集合なので（例えば標数 0 なら $K \supset \mathbb{Q}$ なので無限集

合になる), そのような x_1 を常に選ぶことができる. よって帰納法が成立した. □

補題 4.42 により, どの真中間体にも含まれないような $\alpha \in L$ が存在する. $K(\alpha) \subset L$ は K と α を含む最小の体だが, どの真中間体 M_i にも $K(\alpha)$ は含まれないので, $K(\alpha) = L$ とならざるを得ない. □

命題 4.41 に関して, 正標数で $L \supset K$ の時, L が K の単純拡大となるための必要十分条件は中間体が有限個である, という事実が知られている.

次の定理は, 5 次以上の方程式が解の公式を持たない, という定理をガロア理論を使って証明する際の鍵になる.

定理 4.43

L/K はガロア拡大, M はその中間体とし, その固定部分群を $H_M =: H \subset G = \mathrm{Gal}(L/K)$ とする. このとき, M/K がガロア拡大となるための必要十分条件は, H が G の正規部分群となることである. M/K がガロア拡大になるとき, ガロア群 $\mathrm{Gal}(M/K)$ は剰余群 G/H と自然に同型になる.

[証明] $[L:K] = n$ とし, $G = \{\varphi_1, \varphi_2, \ldots, \varphi_n\}$ とおく. このとき $i \neq j$ でも φ_i と φ_j は M 上に制限すると等しくなることがあり得る. つまり任意の $c \in M$ に対し $\varphi_i(c) = \varphi_j(c)$ となりうる.

補題 4.44

任意の $c \in M$ に対し $\varphi_i(c) = \varphi_j(c)$ となるための必要十分条件は, 左剰余類 $\varphi_i H$ と $\varphi_j H$ とが等しくなることである.

[補題 4.44 の証明]　まず任意の $c \in M$ に対し $\varphi_i(c) = \varphi_j(c)$ が成り立つとしよう．このとき，$\varphi_i(c) = \varphi_j(c)$ の両辺を φ_i^{-1} でうつすと $c = \varphi_i^{-1}\varphi_j(c)$ が任意の $c \in M$ に対して成り立つことがわかる．すなわち $\varphi_i^{-1}\varphi_j \in H$ となり，左剰余類 $\varphi_i H$ と $\varphi_j H$ とが等しくなる．

逆に $\varphi_i H = \varphi_j H$ であると仮定する．$\varphi_i = \varphi_j h$（ただし $h \in H$）と書けるので，任意の $c \in M$ に対し $\varphi_i(c) = \varphi_j(h(c)) = \varphi_j(c)$ となることがわかった．　□

$\varphi_1, \varphi_2, \ldots, \varphi_n$ を $\varphi_i \sim \varphi_j \iff \varphi_i H = \varphi_j H$ により同値類別すると，その同値類の個数は $\dfrac{|G|}{|H|}$ である．ここで $|G| = [L : K]$ であり，$H = \mathrm{Gal}(L/M)$ であることから $|H| = [L : M]$ なので，同値類の個数は次数公式により $\dfrac{|G|}{|H|} = \dfrac{[L:K]}{[L:M]} = [M : K]$ となる．もしこれら全ての体の同型による M の像が M になっていれば，M から M への $[M : K]$ 個の体同型が得られた，ということなので，M/K はガロア拡大である．一方，命題 4.24 (1) により，M から L への K 上の体の準同型はこの $[M : K]$ 個で全てであり，もし M の像が M にならないような φ_i がひとつでもあれば，M/K はガロア拡大にはなり得ない．よって $\varphi_i(M)$ が M に等しいかどうかを調べることが鍵になるが，ガロア理論の基本定理により，2 つの中間体が等しいかどうかは，対応する固定部分群が等しいかどうかを調べれば良い．つまりこの場合，$\varphi_i(M)$ の固定部分群がわかれば良い．この固定部分群は，次の補題により計算できる．

補題 4.45

$\varphi \in \mathrm{Gal}(L/K)$ とすると，$\varphi(M)$ の固定部分群は $\varphi H \varphi^{-1}$ である．

4.5 ガロア拡大とガロア群の例

[補題 4.45 の証明] $g \in G$ が $\varphi(M)$ の固定部分群に含まれるとは,任意の $c \in M$ に対し $g(\varphi(c)) = \varphi(c)$ となることである.両辺に φ^{-1} を作用させると $\varphi^{-1}g\varphi(c) = c$ が全ての $c \in M$ に対して成り立つこと,すなわち $\varphi^{-1}g\varphi \in H$ となることだと言い換えられる.つまり $g \in \varphi H \varphi^{-1}$ となることと同値である.よって $\varphi(M)$ の固定部分群が $\varphi H \varphi^{-1}$ となることが示された. □

よって M/K がガロア拡大であるための必要十分条件は $\varphi H \varphi^{-1} = H$ が全ての φ に対して成り立つことである.これはまさに H が G の正規部分群になる,という定義そのものである.

$\varphi_1, \varphi_2, \ldots, \varphi_n$ を M 上に制限すると,H に関しての同じ左剰余類に入るものは同じ写像を定めるので,M から L への K 上の体の準同型全体は左剰余類 G/H と同一視できる.H が G の正規部分群であるとき,G/H の群構造は G から G/H への自然写像が群の準同型となるような唯一の構造である(つまり $\varphi_i H$ と $\varphi_j H$ の積は $\varphi_i \varphi_j H$ と定義される.H が正規部分群ならばこの定義が well-defined となり,G/H の積が定義されるわけである)が,L から L への写像の定義域を M に制限しても,写像の合成は保たれる(写像を先に合成してから定義域を制限しても,写像を先に定義域を制限してから合成しても同じことである)ので,$\mathrm{Gal}(M/K)$ を集合 G/H と同一視した際の演算は,商群 G/H の演算に一致する.よって $\mathrm{Gal}(M/K)$ は自然に商群 G/H と群として同型になる.

□

第5章

正17角形の作図

　「1796年3月30日の朝，十九歳の青年ガウスが目ざめて臥床（がしょう）から起き出でようとする刹那（せつな）に正十七角形の作図法に思い付いた．」高木貞治の名著『近世数学史談』の書き出しである．1796年と言うとガロアが生まれる1811年の15年も前だが，ガウスの触覚はすでにガロア理論を捉えていたのであろう，その作図法の説明はガロア理論そのままである．この章では，ガロア理論の作図への応用を紹介し，なぜ正17角形が（そして正257角形や正65537角形も）作図可能なのかをお見せすることにしよう．

アイゼンシュタイン（Ferdinand Gotthold Max Eisenstein, 1823–1852）

ガウス（Carolus Fridericus Gauss, 1777–1855）

5.1 1のn乗根と円分多項式

まず，n乗すると1になるような複素数，つまり1のn乗根について調べる．1のn乗根とは方程式$x^n = 1$の根でありn個存在するが，複素平面上でそれらをプロットすると，原点を中心とする半径1の円に内接する正n角形の頂点をなすことがわかる（命題5.4）．実数世界での正n角形の作図とこれらの複素数との関係をつけることが鍵になってゆく．

定義 5.1

複素数ζが1のn乗根であるとは，$\zeta^n = 1$が成り立つことである．ζが1の原始n乗根であるとは，ζが1のn乗根で，しかも自然数$m < n$に対しては$\zeta^m \neq 1$となることである．すなわち，$\zeta \neq 1, \zeta^2 \neq 1, \ldots, \zeta^{n-1} \neq 1$で$\zeta^n = 1$となることである．

例 5.2

1の原始1乗根は1，原始2乗根は-1である．1の原始3乗根はωとω^2，すなわち$\dfrac{-1 \pm \sqrt{-3}}{2}$である．1の4乗根は$x^4 - 1 = (x^2 + 1)(x + 1)(x - 1)$の根なので，$\pm 1, \pm\sqrt{-1}$と4つある．このうち，1の原始4乗根となるのは$\pm\sqrt{-1}$の2つだけで，あとは原始1乗根と原始2乗根である．1の6乗根は$\pm 1, \dfrac{\pm 1 \pm \sqrt{-3}}{2}$の6つであり，うち$\dfrac{1 \pm \sqrt{-3}}{2}$の2つだけが1の原始6乗根で，残りは原始1乗根，原始2乗根，そして2つの原始3乗根である．

次の定義は1の原始n乗根の性質を述べるために必要になる．

定義 5.3

自然数 n に対し，$\{1, 2, 3, \ldots, n-1, n\}$ のうちで n と互いに素になるものの個数（すなわち自然数 $i \leq n$ で $\gcd(n, i) = 1$ となるものの個数）を $\varphi(n)$ であらわす．例えば

$$\varphi(1) = |\{1\}| = 1$$
$$\varphi(2) = |\{1\}| = 1$$
$$\varphi(3) = |\{1, 2\}| = 2$$
$$\varphi(4) = |\{1, 3\}| = 2$$
$$\varphi(5) = |\{1, 2, 3, 4\}| = 4$$
$$\varphi(6) = |\{1, 5\}| = 2$$

である．この φ はオイラーのファイ関数と呼ばれる．

命題 5.4

(1) 自然数 n に対し $\zeta_n := \cos\dfrac{2\pi}{n} + \sqrt{-1}\sin\dfrac{2\pi}{n}$ とおくと，ζ_n は 1 の原始 n 乗根である．特に全ての自然数 n に対し 1 の原始 n 乗根が存在する．

(2) ζ が 1 の原始 n 乗根なら，$\zeta^0(=1), \zeta^1, \zeta^2, \ldots, \zeta^{n-1}$ という n 個の数が 1 の n 乗根の全体となる．これらの n 個の数を複素平面上にプロットすると，原点を中心とする半径 1 の円に内接する正 n 角形の頂点をなす．

(3) ζ が 1 の原始 n 乗根なら，自然数 k について ζ^k が再び 1 の原始 n 乗根になるための必要十分条件は $\gcd(n, k) = 1$ となることである．特に，1 の原始 n 乗根は $\varphi(n)$ 個ある．

(4) d が n の約数ならば，1 の原始 d 乗根は 1 の n 乗根である．逆に ξ が 1 の n 乗根であれば，n のある約数 d に対して ξ は 1 の原始 d 乗根となる．

(5) 次の等式が成り立つ.

$$\sum_{d \text{ は } n \text{ の約数}} \varphi(d) = n$$

(6) $\Psi_n(x)$ は，1 の原始 n 乗根全てを根に持つような $\varphi(n)$ 次多項式で，最高次の係数は 1 になるものとする．すなわち $\Psi_n(x)$ を次のように定義する．

$$\Psi_n(x) := \prod_{\substack{1 \leq i \leq n \\ \gcd(n,k)=1}} (x - \zeta_n^k)$$

すると $\Psi_n(x)$ は整数係数の多項式になる．

[証明] (1) ド・モアブルの公式により，$\zeta_n = \cos\dfrac{2\pi}{n} + \sqrt{-1}\sin\dfrac{2\pi}{n}$ とおくと，$\zeta_n^k = \cos\dfrac{2k\pi}{n} + \sqrt{-1}\sin\dfrac{2k\pi}{n}$ となる．$\cos\theta = 1$ となるのは θ が 2π の整数倍の時のみなので，$\zeta_n^k = 1$ なら $\dfrac{k}{n}$ が整数，すなわち k が n の倍数の時，そしてその時のみである．よって $k = 1, 2, \ldots, n-1$ の時は $\zeta_n^k \neq 1$ であり，一方 $\zeta_n^n = 1$ となる．すなわち ζ_n は 1 の原始 n 乗根である．

(2) ζ が 1 の原始 n 乗根であるとすると，$(\zeta^k)^n = \zeta^{(kn)} = (\zeta^n)^k = 1^k = 1$ なので ζ^k は 1 の n 乗根である．1 の n 乗根は $x^n - 1 = 0$ の解なので，補題 4.8 により高々 n 個しかない．よって n 個の数 $\zeta^0 = 1, \zeta^1, \zeta^2, \ldots, \zeta^{n-1}$ が互いに相異なることさえ示せば良い．もし $0 \leq i < j \leq n-1$ で $\zeta^i = \zeta^j$ であったとすると，両辺を ζ^i で割って $1 = \zeta^{j-i}$ となる．ところが $0 \leq i < j \leq n-1$ の条件から $0 < j-i < n$ となり，これは ζ が 1 の原始 n 乗根であるという仮定の中の，$\zeta^1, \zeta^2, \ldots, \zeta^{n-1}$ が 1 にならない，という条件に反する．よって $0 \leq i < j \leq n-1$ ならば $\zeta^i \neq \zeta^j$ であり，これらが $x^n - 1 = 0$ の互いに相異なる n 個の根全体であることが確かめら

れた．

1 の原始 n 乗根として特に $\zeta_n = \cos\dfrac{2\pi}{n} + \sqrt{-1}\sin\dfrac{2\pi}{n}$ を取ると，$\zeta_n^0, \zeta_n^1, \ldots, \zeta_n^{n-1}$ が 1 の原始 n 乗根の全体となるが，$\zeta_n^k = \cos\dfrac{2k\pi}{n} + \sqrt{-1}\sin\dfrac{2k\pi}{n}$ だったので，複素平面上にプロットするとその座標は $\left(\cos\dfrac{2k\pi}{n}, \sin\dfrac{2k\pi}{n}\right)$ になる．これはベクトル $(1,0)$ を原点中心に角度 $\dfrac{2\pi}{n}$ ずつ回転していった点の軌跡であり，よって原点中心の半径 1 の円に内接する正 n 角形の頂点をなす．

(3) $\gcd(n,k) = d > 1$ なら $k \cdot \dfrac{n}{d} = n \cdot \dfrac{k}{d}$ なので $(\zeta^k)^{n/d} = (\zeta^n)^{k/d} = 1$ となり，n より小さいベキ $\dfrac{n}{d}$ 乗で 1 になってしまうので，ζ^k は 1 の原始 n 乗根ではない．一方 $\gcd(n,k) = 1$ なら注意 2.26 により $ns + kt = 1$ が成り立つような整数 s と t を見つけることができる．自然数 m に対して $(\zeta^k)^m = \zeta^{km}$ が 1 になるなら，

$$\begin{aligned}
\zeta^m &= \zeta^{m(ns+kt)} \\
&= \zeta^{mns} \cdot \zeta^{mkt} \\
&= (\zeta^n)^{ms} \cdot (\zeta^{km})^t \\
&= 1^{ms} \cdot 1^t = 1
\end{aligned}$$

となり，ζ が 1 の原始 n 乗根であることから $m \geq n$ となる．つまり $1 \leq m < n$ では $(\zeta^k)^m$ は 1 にはならず，ζ^k が 1 の原始 n 乗根になることがわかった．(2) により，1 の n 乗根の全体は $\zeta^1, \ldots, \zeta^{n-1}, \zeta^n (=\zeta^0)$ であり，そのうち 1 の原始 n 乗根となる ζ^k は $\gcd(n,k) = 1$ となるもの全体，よってちょうど $\varphi(n)$ 個が 1 の原始 n 乗根になっている．

(4) d が n の約数，つまり例えば自然数 e によって $n = de$ とあらわせるとして，ξ が 1 の原始 d 乗根なら $\xi^d = 1$ なので，$\xi^n = \xi^{de} = (\xi^d)^e = 1^e = 1$ となり，ξ は 1 の n 乗根である．逆に ξ が

1のn乗根なら，$\xi^1, \xi^2, \xi^3, \ldots$ と順に調べていって，最初に1になるのがξ^dであったとする．少なくともξ^nまで調べれば1になるので，$d \leq n$の範囲の自然数としてdがみつかる．定義より，このときξは1の原始d乗根である．もしdがnの約数でないならば，nをdで割った商をq，余りをrとすると割り切れないので$1 \leq r < d$となるが，

$$\xi^r = \frac{\xi^n}{(\xi^d)^q} = 1$$

となる．すると今dより小さいrですでに$\xi^r = 1$となってしまうのでdの取り方に矛盾する．よってこのdはnの約数となる．

(5) まず(2)により1のn乗根はちょうどn個あるが，(4)によりこれらが1の原始何乗根になるか，に着目して整理すると，nの約数となるようなdに対しての1の原始d乗根の和集合がぴったり1のn乗根の全体となる．よって1の原始d乗根の個数の和はnであるが，(3)により1の原始d乗根は$\varphi(d)$個ある．よってnの約数となるようなd全体について$\varphi(d)$の和を取るとnになる．

(6) dがnの約数となるような1の原始d乗根全体の和集合が1のn乗根全体であり，(2)によりそれら全てを根に持つ多項式として$x^n - 1$が取れるので，

$$\prod_{d \text{ は } n \text{ の約数}} \Psi_d(x) = x^n - 1$$

となる．ここで$\Psi_n(x)$が整数係数の多項式になることをnについての帰納法で示そう．$n = 1$ならば$\Psi_1(x) = x - 1$であり，これは確かに整数係数である．nより小さいdに対して$\Psi_d(x)$が整数係数になることが示されたとすると

$$\Psi_n(x) = \frac{x^n - 1}{\prod_{d < n \text{ は } n \text{ の約数}} \Psi_d(x)}$$

により，$x^n - 1$ をそれら整係数の多項式で割り算した商がやはり整係数になることを確かめれば良い．ところが作り方から $\Psi_d(x)$ の最高次の係数は 1 であり，多項式の割り算の計算は「1 での割り算」とかけ算引き算だけで進むことがわかる．整数を材料に 1 での割り算かけ算引き算だけを用いて計算しても整数しか出て来ないので，その商 $\Psi_n(x)$ も整数係数になる． □

定義 5.5

命題 5.4 (6) で定義された多項式 $\Psi_n(x)$ を，n 次円分多項式と呼ぶ．

例 5.6

円分多項式を最初のいくつか計算しておこう．

$\Psi_1(x) = x - 1$, $\Psi_2(x) = x + 1$, $\Psi_3(x) = x^2 + x + 1$, $\Psi_4(x) = x^2 + 1$, $\Psi_5(x) = x^4 + x^3 + x^2 + x + 1$, $\Psi_6(x) = x^2 - x + 1$, $\Psi_7(x) = x^6 + x^5 + x^4 + x^3 + x^2 + x + 1$, $\Psi_8(x) = x^4 + 1$, $\Psi_9(x) = x^6 + x^3 + 1$, $\Psi_{10}(x) = x^4 - x^3 + x^2 - x + 1$

係数が $-1, 0, 1$ に限られるように見えるが，$\Psi_{105}(x)$ の係数に -2 が出てくる．実際，いくらでも大きい係数があらわれることが知られている．p が素数なら $d < p$ なる p の約数は 1 のみなので，$\Psi_p(x) = \dfrac{x^p - 1}{x - 1} = x^{p-1} + x^{p-2} + \cdots + x + 1$ である．

命題 5.7

ζ を 1 の原始 n 乗根とすると，$\mathbb{Q}(\zeta)/\mathbb{Q}$ はガロア拡大である．この体拡大を円分拡大とよぶ．

[証明] ζ の $\mathbb{Q}$ 上の既約多項式を $f(x)$ とおくと，命題 5.4 (6) によ

り $\Psi_n(x)$ が有理数係数で ζ を根に持つので，定理 2.17 (3) により $f(x)$ は $\Psi_n(x)$ を割り切る．特に ζ の共役元は全て 1 の原始 n 乗根である．命題 5.4 (2) により 1 の n 乗根は全て ζ^k とあらわされるので，ζ の共役は全て $\mathbb{Q}(\zeta)$ に含まれる．つまり $\mathbb{Q}(\zeta)$ は $\mathbb{Q}$ 上 $f(x)$ の分解体となり，よって定理 4.29 (1) により $\mathbb{Q}(\zeta)/\mathbb{Q}$ はガロア拡大である． □

事実 5.8

実際には円分多項式 $\Psi_n(x)$ は $\mathbb{Q}$ 上既約であり，よって 1 の原始 n 乗根 ζ の既約多項式になることが知られている．ここでは n が素数の場合のみに $\Psi_n(x)$ の既約性の証明を行おう．

補題 5.9　アイゼンシュタインの補題

$$f(x) = a_d x^d + a_{d-1} x^{d-1} + \cdots + a_1 x + a_0$$

は整数係数の多項式，p は素数で，$a_0, a_1, \ldots, a_{d-1}$ は p の倍数だが a_d は p の倍数ではなく，また a_0 は p^2 の倍数ではないとする．すると $f(x)$ は $\mathbb{Q}$ 上既約である．

[証明]　ガウスの補題（定理 3.12）により，整数係数の範囲で $f(x) = g(x)h(x)$ とより低い次数の多項式の積へ分解しないことを確かめれば良い．$g(x) = b_s x^s + \cdots + b_0$，$h(x) = c_t x^t + \cdots + c_0$，$s, t > 0$ とおく．b_0, c_0 がともに p の倍数であれば $a_0 = b_0 c_0$ が p^2 の倍数になってしまうので，どちらか一方は p の倍数ではない．

例えば b_0 が p の倍数でないとすると，$a_0 = b_0 c_0$ が p の倍数なので，c_0 が p の倍数となる．一方，$a_d = b_s c_t$ が p の倍数でないので，c_t は p の倍数ではない．

$c_0, c_1, \ldots$ と順に見ていって，p の倍数でない最初の係数を c_k とおこう．$f(x) = g(x)h(x)$ の k 次の係数 a_k を計算すると

$$a_k = b_0 c_k + \overbrace{b_1 c_{k-1} + b_2 c_{k-2} + \cdots + b_{k-1} c_1 + b_k c_0}^{p \text{ の倍数}}$$

となる．ここで，右辺の左端 $b_0 c_k$ を除いた残りの項は c_i (ただし $0 \leq i < k$) がかかっているので，p の倍数になり，一方 b_0 も c_k も p の倍数でないので，右辺は p の倍数でない．$f(x)$ の係数 a_i のうちで p の倍数でないものは a_d だけであるが，もし $k = d$ ならば $d = k \leq t < d$ となり，矛盾．

よって $f(x)$ が整数係数の，より次数が低い多項式の積としてあらわされることはあり得ず，$f(x)$ が既約多項式であることが証明された． □

命題 5.10

p が素数なら円分多項式 $\Psi_p(x)$ は $\mathbb{Q}$ 上既約である．

[証明] 例 5.6 により $\Psi_p(x) = \dfrac{x^p - 1}{x - 1}$ である．ここで $y = x - 1$ とおくと y を変数として二項定理により

$$\begin{aligned}\Psi_p(x) &= \frac{(y+1)^p - 1}{y} \\ &= y^{p-1} + py^{p-2} + \cdots + \binom{p}{k} y^{p-1-k} + \cdots + p\end{aligned}$$

とあらわされる．ここで y^{p-1-k} の係数

$$\binom{p}{k} = \frac{p(p-1)(p-2)\cdots(p-k+1)}{k!}$$

において，$1 \leq k \leq p-1$ のとき（つまり 0 次から $p-2$ 次までのとき）分子には p があらわれ，分母の $k!$ は p の倍数にならないので $\binom{p}{k}$ は p の倍数となる．しかも定数項 p は p^2 の倍数でないので，アイゼンシュタインの補題が適用でき，$\Psi_p(x)$ が既約であることがわかった． □

ここで，単数群 $(\mathbb{Z}/n\mathbb{Z})^*$ という概念を用意しよう．

定義 5.11

n が自然数のとき，$(\mathbb{Z}/n\mathbb{Z})^*$ は，集合としては $\{1, 2, \ldots, n\}$ のうちで n と互いに素なもの全体がなすものとする．$(\mathbb{Z}/n\mathbb{Z})^*$ の演算 $*$ を，$a, b \in (\mathbb{Z}/n\mathbb{Z})^*$ に対して ab を n で割った余り，として定義する．$a \in (\mathbb{Z}/n\mathbb{Z})^*$ と自然数 k に対し，$\overbrace{a * a * \cdots * a}^{k \text{個}}$ を a^k とあらわす．$(\mathbb{Z}/n\mathbb{Z})^*$ は次の命題 5.12 により群になるので，$\mathbb{Z}/n\mathbb{Z}$ の単数群と呼ぶ．

集合として，$(\mathbb{Z}/2\mathbb{Z})^* = \{1\}$，$(\mathbb{Z}/3\mathbb{Z})^* = \{1, 2\}$，$(\mathbb{Z}/4\mathbb{Z})^* = \{1, 3\}$，$(\mathbb{Z}/5\mathbb{Z})^* = \{1, 2, 3, 4\}$，$(\mathbb{Z}/6\mathbb{Z})^* = \{1, 5\}$ となる．

命題 5.12

$(\mathbb{Z}/n\mathbb{Z})^*$ は演算 $*$ に関して群をなす．

[証明] まず a, b がともに n と互いに素なら，ab を n で割った余りも n と互いに素になるので，演算 $*$ は $(\mathbb{Z}/n\mathbb{Z})^*$ の二項演算として確かに定義される．$a, b, c \in (\mathbb{Z}/n\mathbb{Z})^*$ のとき，$(a*b)*c$ も $a*(b*c)$ も abc を n で割った余りに一致するので，この演算は結合則を満たす．単位元は 1 である．a と n が互いに素なら，注意 2.26 により $as + nt = 1$ が成り立つような整数 s, t が存在する．すると as を n で割った余りが 1 になるので，s を n で割った余りが a の

逆元である．よって $(\mathbb{Z}/n\mathbb{Z})^*$ は群となる． □

定理 5.13

p は素数とし，$\zeta \in \mathbb{C}$ は 1 の原始 p 乗根とする．すると $k \in (\mathbb{Z}/p\mathbb{Z})^* = \{1, 2, \ldots, p-1\}$ に対して $\varphi_k(\zeta) = \zeta^k$ により定まる体の同型 $\varphi_k : \mathbb{Q}(\zeta) \to \mathbb{Q}(\zeta)$ を対応させることによって $(\mathbb{Z}/p\mathbb{Z})^*$ と $\mathrm{Gal}(\mathbb{Q}(\zeta)/\mathbb{Q})$ は群として同型になる．

[証明] 命題 5.10 により $\Psi_p(x) = \dfrac{x^p - 1}{x - 1}$ は $\mathbb{Q}$ 上既約なので，1 以外の 1 の p 乗根は全て ζ と共役である．命題 5.4 (2) により，それらの共役元は $\zeta, \zeta^2, \ldots, \zeta^{p-1}$ の $p-1$ 個である．定理 4.29 の証明によりそれぞれの ζ^k に対して体の同型 $\varphi_k : \mathbb{Q}(\zeta) \to \mathbb{Q}(\zeta)$ で $\varphi_k(\zeta) = \zeta^k$ を満たすものがただひとつ存在し，それらが $\mathrm{Gal}(\mathbb{Q}(\zeta)/\mathbb{Q})$ の元をなす．すなわち与えられた対応は，集合としての全単射となっている．あとはこの対応が群の演算を保つことを確かめれば良い．$a, b \in (\mathbb{Z}/p\mathbb{Z})^*$ とし，ab を p で割った商を q，余りを r とすると $a * b = r$ であり，$ab = pq + r$（ただし $r \in \{1, 2, \ldots, p-1\}$）と $\zeta^p = 1$ を用いて

$$\begin{aligned}
(\varphi_a \circ \varphi_b)(\zeta) &= \varphi_a\left(\varphi_b(\zeta)\right) \\
&= \varphi_a(\zeta^b) \\
&= (\zeta^a)^b \\
&= \zeta^{ab} \\
&= \zeta^{pq+r} \\
&= (\zeta^p)^q \cdot \zeta^r \\
&= \zeta^r \\
&= \varphi_r(\zeta)
\end{aligned}$$

となるので $\varphi_a \circ \varphi_b = \varphi_r$，よって $k \mapsto \varphi_k$ は積を保ち，群の同型であることが確かめられた． □

事実 5.14

定理 5.13 は n が素数でない場合も成り立つ．つまり $\zeta \in \mathbb{C}$ が 1 の原始 n 乗根であれば，$\mathrm{Gal}(\mathbb{Q}(\zeta)/\mathbb{Q})$ は $(\mathbb{Z}/n\mathbb{Z})^*$ と同型になる．事実 5.8 さえ認めれば，あとは定理 5.13 と同様に証明できる．特に $\mathrm{Gal}(\mathbb{Q}(\zeta)/\mathbb{Q})$ は位数 $\varphi(n)$ のアーベル群である．また，p が素数なら，$(\mathbb{Z}/p\mathbb{Z})^*$ は巡回群になることが知られている．すなわち，うまく $g \in (\mathbb{Z}/p\mathbb{Z})^*$ を取ると，$\{1, g, g^2, g^3, \ldots, g^{p-2}\} = \{1, 2, 3, 4, \ldots, p-1\}$ となる．

例えば $(\mathbb{Z}/5\mathbb{Z})^*$ において $g = 2$ と取れば，$2^2 = 4, 2^3 = 3$ なので $\{1, 2, 2^2, 2^3\} = \{1, 2, 3, 4\}$ となる．また $(\mathbb{Z}/7\mathbb{Z})^*$ において $g = 3$ と取れば $g^2 = 2, g^3 = 6, g^4 = 4, g^5 = 5$ なので

$$\{1, 3, 3^2, 3^3, 3^4, 3^5\} = \{1, 2, 3, 4, 5, 6\}$$

となる．

次の補題 5.15 はアーベル群という仮定は不要で，一般の有限群に対して成立する（コーシーの定理と呼ばれる）．一方，命題 5.16 は一般の有限群に対しては成り立たない．例えば 5 次交代群 $\mathfrak{A}_5$ の位数は 60 だが，位数 30 の部分群は存在しない．

補題 5.15

有限群 G がアーベル群で位数 n は素数 p の倍数であるとする．すると G には位数 p の元 g が存在する．

[証明] G の位数に関して帰納法を用いる．G の位数が素数 p ならば，g は単位元でない任意の元とすればよい．G の位数は n とし，位数が n より小さい場合は補題 5.15 は証明されたとする．$g_1 \in G$ は単位元でない任意の元とし，g_1 の位数を d とする．もし d が p の倍数であれば，$g := (g_1)^{d/p}$ の位数が p になる．一方，もし d が p の倍数でなければ $H \subset G$ を g_1 が生成する部分群とする．G はアーベル群なので H は G の正規部分群であり，G/H の位数は G の位数 $\dfrac{n}{d}$ は n より小さいので，帰納法の仮定より位数 p の元 $\overline{g_2}$ が存在する．$G \to G/H$ により $\overline{g_2}$ へうつされる元 $g_2 \in G$ を取り，その位数を e とする．すると $1 = (g_2)^e$ の G/H での像は $\overline{1} = \overline{g_2}^e$ となるので，e は p の倍数でなくてはならない．そこで $g = (g_2)^{e/p}$ とおけば，その位数は p となる． □

命題 5.16

G が有限アーベル群，n がその位数，d が n の約数ならば，G の部分群 H で位数が d になるものが存在する．

[証明] n について帰納法．n が 1 あるいは素数ならば明らか．p は d の約数となるような素数とし，補題 5.15 により位数 p の元 $g \in G$ を取って H_1 は g が生成する位数 p の部分群とする．G/H_1 は位数が n より小さい群なので，帰納法の仮定より位数が d/p の部分群 $\overline{H}$ が存在する．$G \to G/H_1$ による $\overline{H}$ の逆像 H が求める部分群となる． □

定理 5.17

p が素数で，$p = 2^d + 1$ という形の数であるとする．すると，コンパスと定規で正 p 角形を作図することができる．

[証明] まず，命題 3.9 の逆が成り立つことを証明しておこう．

補題 5.18

$\alpha \in \mathbb{R}$ について，α がユークリッド数であるための必要十分条件は，体の列

$$\mathbb{Q} = K_0 \subset K_1 \subset \cdots \subset K_r \subset K_r \subset \mathbb{R}$$

で $\alpha \in K_r$ を満たし，しかも $[K_{i+1} : K_i] = 2$ が成り立つようなものが存在することである．

[補題 5.18 の証明] 必要性は命題 3.9 で示したので，十分性を示せば良い．命題 4.36 により $1 \leq i \leq r$ なる各 i に対して $a_i \in K_{i-1}$ が存在し，$K_i = K_{i-1}(\sqrt{a_i})$ とあらわすことができる．ここで $\sqrt{a_i} \in K_i \subset \mathbb{R}$ なので $a_i > 0$ である．よって $K_0 \subset \cdots \subset K_r$ という体の拡大は全て正の数の平方根を付け加えることによって得られており，K_r のどの元も，有理数を材料に四則演算と正の数の平方根を組み合わせた式であらわすことができる，すなわちユークリッド数である．特に $\alpha \in K_r$ もユークリッド数である． □

$\alpha = \cos \dfrac{2\pi}{p}$ とおく．α がユークリッド数であることさえ示されれば，直線 $x = \alpha$ がコンパスと定規で作図でき，その直線と，原点を中心とする半径 1 の円 C との交点が $\left(\cos \dfrac{2\pi}{p}, \sin \dfrac{2\pi}{p} \right)$ である．これと $(1, 0)$ が与えられているので，円 C に内接する正 p 角形の 1 辺が作図されたことになる．あとはこの辺の長さをコピー

していけば，正 p 角形が作図できる．$\alpha = \cos \dfrac{2\pi}{p}$ がユークリッド数であることを，補題 5.18 を用いて示そう．

$\zeta = \zeta_p = \cos \dfrac{2\pi}{p} + \sqrt{-1} \sin \dfrac{2\pi}{p}$ とおく．命題 5.7 により $\mathbb{Q}(\zeta)/\mathbb{Q}$ はガロア拡大であり，定理 5.13 によりそのガロア群 $G = \mathrm{Gal}(\mathbb{Q}(\zeta)/\mathbb{Q})$ は $(\mathbb{Z}/p\mathbb{Z})^*$ と同型である．特に位数 $p - 1 = 2^d$ のアーベル群となる．

$$\left(\cos \frac{2\pi}{p} + \sqrt{-1} \sin \frac{2\pi}{p}\right)\left(\cos \frac{2\pi}{p} - \sqrt{-1} \sin \frac{2\pi}{p}\right)$$
$$= \left(\cos \frac{2\pi}{p}\right)^2 + \left(\sin \frac{2\pi}{p}\right)^2$$
$$= 1$$

なので

$$\frac{1}{\zeta} = \cos \frac{2\pi}{p} - \sqrt{-1} \sin \frac{2\pi}{p}$$

であり，

$$\zeta + \frac{1}{\zeta} = 2 \cos \frac{2\pi}{p}$$

となる．よって

$$\alpha = \frac{1}{2}\left(\zeta + \frac{1}{\zeta}\right) \in \mathbb{Q}(\zeta)$$

となる．$\mathbb{Q} \subset \mathbb{Q}(\zeta)$ の中間体 $\mathbb{Q}(\alpha)$ の固定部分群を $H \subset G$ とおくと，G がアーベル群なので H は正規部分群であり，定理 4.43 により $\mathbb{Q}(\alpha)/\mathbb{Q}$ はアーベル群 G/H をガロア群とするガロア拡大である．その拡大次数は 2^d の約数なので，$0 \leq e \leq d$ なる整数 e により $|G/H| = 2^e$ とあらわすことができる．$G/H = \overline{H}_0$ とおくと，命題 5.16 によりその部分群 $\overline{H}_1$ で位数が 2^{e-1} となるものが存在する．再び命題 5.16 により $\overline{H}_1$ の部分群 $\overline{H}_2$ で位数が 2^{e-2} となるものが存在する．以下同様に続けて，G/H の部分群の列

$$G/H = \overline{H}_0 \supset \overline{H}_1 \supset \cdots \supset \overline{H}_{e-1} \supset \overline{H}_e = \{1\}$$

であって，$|\overline{H}_i| = 2^{e-i}$ となるものを作ることができる．この部分群の列に対応する $\mathbb{Q} \subset \mathbb{Q}(\alpha)$ の中間体の列を考えると

$$\mathbb{Q} = K_0 \subset K_1 \subset K_2 \subset \cdots \subset K_e = \mathbb{Q}(\alpha)$$

であって $[K_e : K_i] = 2^{e-i}$ となるので，次数公式により $[K_{i+1} : K_i] = 2$ となる．よってこれは補題 5.18 の条件を満たす体の列であり，α がユークリッド数であること，したがって定理 3.8 により $(\alpha, 0)$ が作図可能であることが証明された． □

注意 5.19

d が 1 より大きい奇数 s を約数にもつ，つまり $d = st$ とあらわされたとすると，

$$2^d + 1 = (2^t + 1)(2^{n-t} - 2^{n-2t} + 2^{n-3t} - \cdots - 2^{n-(s-1)t} + 1)$$

と積に分解するので $2^d + 1$ は素数ではない．よって $p = 2^d + 1$ が素数であれば，$d = 2^s$ とあらわされる．つまりそんな素数 p は $p = 2^{2^e} + 1$ と書ける．

ここで $e = 0$ とおくと $2^{2^0} + 1 = 3$，$e = 1$ とおくと $2^{2^1} + 1 = 5$ であり，たしかに正 3 角形，正 5 角形はコンパスと定規で作図可能であることが紀元前のユークリッド原論にすでに記されている．$e = 2$ の $2^{2^2} + 1 = 17$ の場合が本章冒頭のガウスの発見にあたる．

なお，ガウスは一般的な状況を見通していて，$e = 3$ の時の $2^{2^3} + 1 = 257$ や $e = 4$ のときの $2^{2^4} + 1 = 65537$ についても，正 257 角形や正 65537 角形がコンパスと定規で作図可能であ

ることを見抜いていた．

なお $e=5$ の時の $2^{2^5}+1 = 4294967297$ は 641×6700417 と素因数分解するので，正 4294967297 角形はコンパスと定規で作図することはできない．もしも正 4294967297 角形が作図できるならば，頂点を 6700417 個おきに取っていくことによって正 641 角形も作図することができる．

ところが次の節で見る通り，ガロア拡大 $\mathbb{Q}\left(\cos\dfrac{2\pi}{641}\right)/\mathbb{Q}$ の拡大次数は 320 であり，320 は 2 のべきではないので，系 3.10 によって $\cos\dfrac{2\pi}{641}$ は作図できない．よって正 4294967297 角形も作図できないことがわかる．$2^{2^e}+1$ そのものが素数にならないと，正 $2^{2^e}+1$ 角形は作図できないのである．

現在のところ $e>4$ で $2^{2^e}+1$ が素数になる例は知られていない．よってわかっている限りでは，作図できる正 n 角形は，n がある自然数 d に対して $2^d 3 \cdot 5 \cdot 17 \cdot 257 \cdot 65537 = 2^d 4294967295$ の約数になるようなもののみである．

5.2 正 17 角形

前の節の結果により，正 17 角形，正 257 角形，正 65537 角形が理論上は作図できることがわかったが，さて実際に作図せよ，と言われたらどうすればよいだろうか？ この節では正 17 角形を詳しく調べよう．正 17 角形が持つ対称性とは，どういうものがあるだろうか？ まず幾何的な対称性，つまり $\dfrac{1}{17}$ 回転しても不変である，という対称性がある．しかしこれでは，17 という素数をどうやって扱うかが難しい．コンパスと定規では処理できそうにない．角の 3 等分さえできないのに，17 等分なんてできっこないではな

いか.

前節では，正 17 角形のガロア群として，$17-1=16$ という位数を持つ群があらわれた．これは幾何的というよりは，代数的あるいは整数論的な対称性である．$\zeta = \cos\dfrac{2\pi}{17} + \sqrt{-1}\sin\dfrac{2\pi}{17}$ とおくと，1 の原始 17 乗根は $\{\zeta, \zeta^2, \ldots, \zeta^{16}\}$ の 16 個，そして体の準同型 $\varphi_k : \mathbb{Q}(\zeta) \to \mathbb{Q}(\zeta)$ を $\varphi_k(\zeta) = \zeta^k$ により定義する．この φ_k 全体が位数 16 の群をなし，定理 5.13 によって $(\mathbb{Z}/17\mathbb{Z})^*$ の元 k と同一視できる．$(\mathbb{Z}/17\mathbb{Z})^*$ は 3 が生成する巡回群である．

実際調べてみると，$\equiv$ は 17 を法とした合同をあらわすことにして，$3^0 \equiv 1$, $3^1 \equiv 3$, $3^2 \equiv 9$, $3^3 = 27 \equiv 10$, $3^4 \equiv 3 \times 10 = 30 \equiv 13$, $3^5 \equiv 3 \times 13 = 39 \equiv 5$, $3^6 \equiv 3 \times 5 = 15$, $3^7 \equiv 3 \times 15 = 45 \equiv 11$, $3^8 \equiv 3 \times 11 = 33 \equiv 16$, $3^9 \equiv 3 \times 16 = 48 \equiv 14$, $3^{10} \equiv 3 \times 14 = 42 \equiv 8$, $3^{11} \equiv 3 \times 8 = 24 \equiv 7$, $3^{12} \equiv 3 \times 7 = 21 \equiv 4$, $3^{13} \equiv 3 \times 4 = 12$, $3^{14} \equiv 3 \times 12 = 36 \equiv 2$, $3^{15} \equiv 3 \times 2 = 6$ となり，たしかに $\{1, 3, 3^2, 3^3, \ldots, 3^{15}\}$ までで $\{1, 2, 3, 4, \ldots, 16\}$ がぴったり一度ずつ出てくる．これは ζ^k たちの間の対称性と見ることもできる．

次の図 5-1 を見ていただこう．

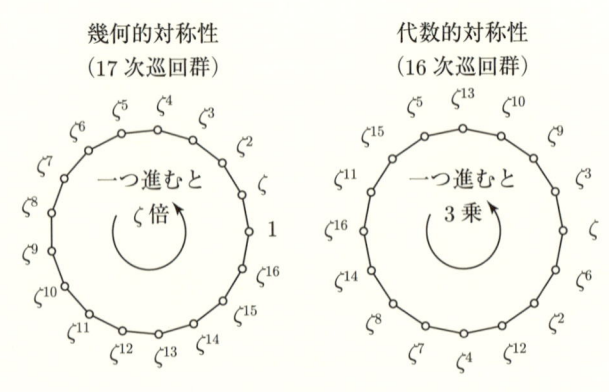

図 5-1

5.2 正17角形

複素平面上に1の17乗根をプロットしたのが図の左，幾何的対称性である．一方，図の右側は，ζ^k を次々と3乗していって，$\zeta^1, \zeta^2, \ldots, \zeta^{16}$ が一回ずつあらわれるので，この3乗による順番で並べたものだ．

さて，$G = \mathrm{Gal}(\mathbb{Q}(\zeta)/\mathbb{Q}) = \{\varphi_1, \varphi_2, \ldots, \varphi_{16}\}$ に対して，部分群の列 $G = H_0 \supset H_1 \supset \cdots \supset H_4 = \{\varphi_1\}$ で，$|H_1| = 8, |H_2| = 4, |H_3| = 2$ となるようなものを作ってみよう．g が生成する巡回群 G の位数の約数 d をとったとき，g^d が生成する G の部分群 H は指数が d になる（部分群 $H \subset G$ の指数とは剰余類 $|G/H|$ の元の個数のこと）．$g = \varphi_3$ が生成元（のひとつ）なので，

$$H_1 = \{1, g^2, g^4, g^6, g^8, g^{10}, g^{12}, g^{14}\}$$
$$= \{\varphi_1, \varphi_9, \varphi_{13}, \varphi_{15}, \varphi_{16}, \varphi_8, \varphi_4, \varphi_2\}$$
$$H_2 = \{1, g^4, g^8, g^{12}\}$$
$$= \{\varphi_1, \varphi_{13}, \varphi_{16}, \varphi_4\}$$
$$H_3 = \{1, g^8\}$$
$$= \{\varphi_1, \varphi_{16}\}$$

つまり図5-1の右側のサイクルで，1つおき，3つおき，そして7つおきに拾っていったものになる．

詳しい説明は後回しにして，これらの群に対応して

$$\alpha = \zeta + \zeta^9 + \zeta^{13} + \zeta^{15} + \zeta^{16} + \zeta^8 + \zeta^4 + \zeta^2$$
$$\beta = \zeta + \zeta^{13} + \zeta^{16} + \zeta^4$$
$$\gamma = \zeta + \zeta^{16}$$

とおいてみよう．$\Psi_{17}(\zeta) = \zeta^{16} + \zeta^{15} + \cdots + \zeta + 1 = 0$ であることに注意して α と α^2 を計算して基底 $\{1, \zeta, \zeta^2, \ldots, \zeta^{15}\}$ を用いてあらわすと

$$\alpha = -1 - \zeta^3 - \zeta^5 - \zeta^6 - \zeta^7 - \zeta^{10} - \zeta^{11} - \zeta^{12} - \zeta^{14}$$
$$\alpha^2 = 5 + \zeta^3 + \zeta^5 + \zeta^6 + \zeta^7 + \zeta^{10} + \zeta^{11} + \zeta^{12} + \zeta^{14}$$

となるので $\alpha^2 + \alpha - 4 = 0$ より $\alpha = \dfrac{-1 \pm \sqrt{17}}{2}$ のどちらかである. 図 5-1 の左側より $\zeta^k + \zeta^{17-k} = 2\cos\dfrac{2k\pi}{17}$ となるので,

$$\alpha = 2\left(\cos\frac{2\pi}{17} + \cos\frac{4\pi}{17} + \cos\frac{8\pi}{17} + \cos\frac{16\pi}{17}\right) \fallingdotseq 1.56155\cdots$$

より $\alpha = \dfrac{-1 + \sqrt{17}}{2}$ であることがわかる ($\alpha > 0$ となることは図をにらんでもわかるので, 実は近似値の計算は不要).

次に β^2 と $\alpha\beta$ を計算すると

$$\beta^2 = 4 + \zeta^2 + 2\zeta^3 + 2\zeta^5 + \zeta^8 + \zeta^9 + 2\zeta^{12} + 2\zeta^{14} + \zeta^{15}$$
$$\alpha\beta = 3 + \zeta^2 + 2\zeta^3 + 2\zeta^5 + \zeta^8 + \zeta^9 + 2\zeta^{12} + 2\zeta^{14} + \zeta^{15}$$

となるので $\beta^2 - \alpha\beta - 1 = 0$ より

$$\beta = \frac{\alpha \pm \sqrt{\alpha^2 + 4}}{2}$$
$$= \frac{\alpha \pm \sqrt{8 - \alpha}}{2}$$
$$= -\frac{1}{4} + \frac{\sqrt{17}}{4} \pm \frac{1}{4}\sqrt{34 - 2\sqrt{17}}$$
$$\fallingdotseq 2.04940, \text{あるいは} -0.487928\cdots$$

のどちらかとなる. $\beta = 2\left(\cos\dfrac{2\pi}{17} + \cos\dfrac{8\pi}{17}\right) \fallingdotseq 2.04948$ なので (あるいはにらみつけて $\beta > 0$ と見抜いて) $\beta = -\dfrac{1}{4} + \dfrac{\sqrt{17}}{4} + \dfrac{1}{4}\sqrt{34 - 2\sqrt{17}}$ であることがわかる.

最後に $\gamma^2 = 2 + \zeta^2 + \zeta^{15}$ を $\{1, \alpha, \beta, \alpha\beta, \gamma, \alpha\gamma, \beta\gamma, \alpha\beta\gamma\}$ の $\mathbb{Q}$ 上の線形結合であらわすべく線形代数で計算すると (計算略)

$$\gamma^2 = \frac{1}{2}(3 + \alpha - \beta - \alpha\beta + 2\beta\gamma)$$

つまり $\gamma^2 - \beta\gamma + \frac{1}{2}(\beta + \alpha\beta - \alpha - 3) = 0$ という γ についての 2 次方程式が得られ，これを解いて

$$\gamma = \frac{\beta \pm \sqrt{\beta^2 - 2(\alpha\beta + \beta - \alpha - 3)}}{2}$$
$$= \frac{\beta}{2} \pm \frac{\sqrt{-\alpha\beta - 2\beta + 2\alpha + 7}}{2}$$

のどちらかとなる．$\alpha = \dfrac{-1 + \sqrt{17}}{2}$ と $\beta = -\dfrac{1}{4} + \dfrac{\sqrt{17}}{4} + \dfrac{1}{4}\sqrt{34 - 2\sqrt{17}}$ を代入して整理すると

$$\gamma = \frac{-1 + \sqrt{17} + \sqrt{34 - 2\sqrt{17}}}{8}$$
$$\pm \frac{\sqrt{68 + 12\sqrt{17} - 6\sqrt{34 - 2\sqrt{17}} - 2\sqrt{17(34 - 2\sqrt{17})}}}{8}$$

$\fallingdotseq 1.86494\cdots$，あるいは $0.184537\cdots$

となる．$\gamma = \zeta + \zeta^{16} = 2\cos\dfrac{2\pi}{17} > 2\cos\dfrac{\pi}{3} = 1$ より $\cos\dfrac{2\pi}{17}$ は $1.86494\cdots$ の方であり，

$$\cos\frac{2\pi}{17} = \frac{-1 + \sqrt{17} + \sqrt{34 - 2\sqrt{17}}}{16}$$
$$+ \frac{\sqrt{68 + 12\sqrt{17} - 6\sqrt{34 - 2\sqrt{17}} - 2\sqrt{17(34 - 2\sqrt{17})}}}{16}$$

と求まった．たしかに $\cos\dfrac{2\pi}{17}$ はユークリッド数になっている．すなわち有理数を材料に四則演算と正の数の平方根のみであらわされている．あとは定理 3.5 で与えられた方法でこの式を作図に翻訳すれば，正 17 角形が作図できる，というわけである．

さきほど理由を説明せずに α, β, γ をとって，その値を求めて

いったが，それがうまくいく背景をご紹介することにしよう．正規底という道具が必要になる．

定義 5.20

L/K は n 次ガロア拡大，$G = \mathrm{Gal}(L/K) = \{\varphi_1, \varphi_2, \ldots, \varphi_n\}$ はそのガロア群であるとする．$\alpha \in L$ により $\{\varphi_1(\alpha), \varphi_2(\alpha), \ldots, \varphi_n(\alpha)\}$ という集合が L の K 上の線形空間としての基底となっているとき，この基底を正規底と呼ぶ．

事実 5.21

全てのガロア拡大に対して正規底が存在する．

本書では素数乗根円分拡大に対して正規底を構成することにしよう．

命題 5.22

p は素数で ζ が 1 の原始 p 乗根とする．このとき $\{\zeta, \zeta^2, \ldots, \zeta^{p-1}\}$ は $\mathbb{Q}(\zeta)/\mathbb{Q}$ の正規底である．

[証明] $\{\zeta, \zeta^2, \ldots, \zeta^{p-1}\}$ が基底になることを示せば良い．$[\mathbb{Q}(\zeta) : \mathbb{Q}] = p - 1$ で個数があっているので，$\{\zeta, \zeta^2, \ldots, \zeta^{p-1}\}$ が $\mathbb{Q}(\zeta)$ を張ることを示せば良い．定理 2.33 により $\{1, \zeta, \zeta^2, \ldots, \zeta^{p-2}\}$ が $\mathbb{Q}(\zeta)$ を張るので，1 が $\{\zeta, \zeta^2, \ldots, \zeta^{p-1}\}$ の線形結合であらわされることを示せば良い．ところが ζ の既約多項式 $\Psi_p(x)$ は $x^{p-1} + x^{p-2} + \cdots + x + 1 = 0$ なので，$1 = -\zeta - \zeta^2 - \cdots - \zeta^{p-1}$ とあらわされる． □

正規底の良い所は，これを使えばガロア群 G の部分群 H の固定

中間体が簡単に求まることである．すなわち，次の定理が成り立つ．

定理 5.23

L/K は G をガロア群とするガロア拡大とし，$\{\varphi(\alpha)|\varphi \in G\}$ は正規底とする．このとき，部分群 H の固定中間体 M_H は

$$M_H = K\left(\sum_{\varphi \in H} \varphi(\alpha)\right)$$

という単純拡大となる．

[証明] $\psi \in H$ ならば

$$\psi\left(\sum_{\varphi \in H} \varphi(\alpha)\right) = \sum_{\varphi \in H} (\psi \circ \varphi)(\alpha)$$
$$= \sum_{\varphi \in H} \varphi(\alpha)$$

なので，H に含まれる元はこの体を固定する．一方，$\eta \notin H$ ならば $\sum_{\varphi \in H} \varphi(\alpha)$ と $\eta\left(\sum_{\varphi \in H} \varphi(\alpha)\right)$ を基底 $\{\varphi(\alpha)|\varphi \in G\}$ の線形結合としてあらわしたときの η の係数を比べると，$\sum_{\varphi \in H} \varphi(\alpha)$ では 0，$\eta\left(\sum_{\varphi \in H} \varphi(\alpha)\right)$ では 1 なので，η は固定部分群に含まれない．よって $K\left(\sum_{\varphi \in H} \varphi(\alpha)\right)$ の固定部分群は H である． □

$\mathbb{Q}(\zeta)/\mathbb{Q}$ に対して定理 5.23 を適用してみよう．前節の記号を用いて

$$G = \mathrm{Gal}(\mathbb{Q}(\zeta)/\mathbb{Q}) \supset H_1 \supset H_2 \supset H_3 \supset \{\varphi_1\}$$

という部分群のそれぞれに対応する中間体を求めると，

$$M_{H_1} = \mathbb{Q}\left(\sum_{\varphi \in H_1} \varphi(\zeta)\right)$$
$$= \mathbb{Q}(\zeta + \zeta^9 + \zeta^{13} + \zeta^{15} + \zeta^{16} + \zeta^8 + \zeta^4 + \zeta^2)$$
$$= \mathbb{Q}(\alpha)$$
$$M_{H_2} = \mathbb{Q}\left(\sum_{\varphi \in H_2} \varphi(\zeta)\right)$$
$$= \mathbb{Q}(\zeta + \zeta^{13} + \zeta^{16} + \zeta^4)$$
$$= \mathbb{Q}(\beta)$$
$$M_{H_3} = \mathbb{Q}\left(\sum_{\varphi \in H_3} \varphi(\zeta)\right)$$
$$= \mathbb{Q}(\zeta + \zeta^{16})$$
$$= \mathbb{Q}(\gamma) = \mathbb{Q}\left(\cos\frac{2\pi}{17}\right)$$

となり,
$$\mathbb{Q} \subset \mathbb{Q}(\alpha) \subset \mathbb{Q}(\beta) \subset \mathbb{Q}\left(\cos\frac{2\pi}{17}\right) \subset \mathbb{Q}(\zeta)$$

という体の列が順に 2 次拡大になっている. つまり α は $\mathbb{Q}$ 係数の 2 次方程式の解となり, β は $\mathbb{Q}(\alpha)$ 係数の 2 次方程式の解となり, 最後に γ は $\mathbb{Q}(\beta)$ 係数の 2 次方程式の解になっている. その 2 次方程式を具体的に求めて α, β, γ の値を順に求める計算をこの章の前半で行ったのであった.

　古代ギリシア以来, 作図と言えばコンパスと定規というのが常識のようだが, それ以外の道具を用いた作図も面白い. 2 つほど結果だけご紹介しておこう.

5.2 正17角形

事実 5.24

　市販されている定規は目盛りがついているが，その目盛りを作図に利用して（しかし，例えば $\sqrt{2}$ cm とか π cm なんていう目盛りはないので，そういうのは使わない．極端な話，0 cm と 1 cm という 2 つだけ目盛りがある定規を想定して構わない），コンパスは使わず，作図できる図形を考えることができる．

　面白いことに，コンパスなしでも定規一本で 2 次方程式，3 次方程式を解くことができ，よって実数内であれば 2 次拡大，3 次拡大を自由に行うことができる．よって上記と同様にして，p が素数のとき，$p-1 = 2^d 3^e$ という形であれば，正 p 角形を作図できる．$7 = 2\times 3+1$, $13 = 2^2\times 3+1$, $19 = 2\times 3^2+1$ なので，$n \leq 20$ の範囲で作図できない正 n 角形は正 11 角形のみである．

事実 5.25

　折紙を使っても，やはり 2 次方程式，3 次方程式を自由に解くことができ，目盛り付き定規で作図できる図形は折紙でも折ることができる．やはり $n \leq 20$ の範囲では正 11 角形を除いて正確に折ることができる．

第6章

ガロアの定理

　5次以上の方程式に，四則とベキ根のみによる解の公式が存在しない，というのはアーベルによって最初に証明された定理だが，ガロア理論はその本質を群によって鮮やかに説明する．ベキ根によって作られる体の拡大は厳しい制約がつくため，一般の5次方程式のガロア群，つまり5次対称群は，ベキ根によってその対称性を崩すことができないのである．逆に，「可解群でなくてはならない」というガロア群の制限さえクリアすれば，5次以上の方程式でも四則とベキ根によって解くことができる．

　最終節ではそのガロアの定理を紹介し，応用として $2\cos\frac{2\pi}{11}$ を求めて本書を締めくくることにしよう．この値は5次方程式 $x^5 + x^4 - 4x^3 + 3x^2 - 3x + 1 = 0$ の解であるが，そのガロア群が可解群になるので，四則演算とベキ根であらわすことができるのである．

アーベル（Niels Henrik Abel, 1802–1829）

6.1　有理関数体と対称式論の基本定理

これまで体と言えば，複素数 $\mathbb{C}$ の部分集合に話を限ってきた．だが，それはイメージをつかみやすくするためであって，四則演算が自然に行えるような体系であれば何でも体と呼ばれる（注意2.6 参照）．

この章では，特に有理関数体と呼ばれる体を導入し，そこでガロア理論を適用してみることにしよう．

定義 6.1

$x_1, x_2, \ldots, x_n$ を変数とする有理関数体とは，$x_1, \ldots, x_n$ を変数とする 2 つの多項式 $f(x_1, \ldots, x_n), g(x_1, \ldots, x_n)$（ただし g は多項式として 0 多項式ではない）により分数式

$$\frac{f(x_1, x_2, \ldots, x_n)}{g(x_1, x_2, \ldots, x_n)}$$

としてあらわされるもの全体がなす体のことである．

分数式なので自然に約分をして構わない．足し算引き算は通分をして行う．かけ算は分母分子をかけ合わせれば良い．有理式 f/g で割り算するには，分母分子を引っくり返してかければ良い．

こうして四則演算が定義された有理関数体を $\mathbb{C}(x_1, x_2, \ldots, x_n)$ とあらわす．係数 $\mathbb{C}$ と変数 $x_1, x_2, \ldots, x_n$ を使って四則演算を使って自由に組み合わせてできる式全体，という意味である．

例 6.2

x, y, z を変数とする有理関数体の元として，$\dfrac{x^2 + y^2 - z}{x + 2y - 3z^2 - 1}$ のようなものがある．例えば $(x, y, z) = (-1, 1, 0)$ では分母が

0 になってしまい，この式はそこでは値を持たないが，関数として考えているのではなく式として考えているので，気にしなくて良い．一方，分母は 0 多項式ではないので，(x, y, z) の値を十分デタラメに選べば分母は 0 にならず，そういう (x, y, z) に対して定義された関数として値が定まる．

命題 6.3

$x_1, x_2, \ldots, x_n$ を変数とする有理関数体 $\mathbb{C}(x_1, x_2, \ldots, x_n)$ は（その名の通り）体になる．

[証明] 注意 2.6 にある条件を確かめれば良い．有理関数どうしの足し算，かけ算があり，結合則，交換則，分配則を満たすこと，足し算の単位元 $0 = 0/1$ と $f(x_1, \ldots, x_n)/g(x_1, \ldots, x_n)$ の逆元 $-f(x_1, \ldots, x_n)/g(x_1, \ldots, x_n)$ があること，乗法の単位元 $1 = 1/1$ と $f(x_1, \ldots, x_n)/g(x_1, \ldots, x_n)$ の逆元 $g(x_1, \ldots, x_n)/f(x_1, \ldots, x_n)$ があること，いずれも形式的に確かめることができる． □

定義 6.4

$\mathfrak{S}_n$ は n 次対称群，すなわち $\{1, 2, \ldots, n\} \to \{1, 2, \ldots, n\}$ なる全単射全体が写像の合成を演算としてなす群であるとする．$\sigma \in \mathfrak{S}_n$ に対し写像 $\varphi_\sigma : \mathbb{C}(x_1, x_2, \ldots, x_n) \to \mathbb{C}(x_1, x_2, \ldots, x_n)$ を

$$\varphi_\sigma(f(x_1, x_2, \ldots, x_n)) := f(x_{\sigma(1)}, x_{\sigma(2)}, \ldots, x_{\sigma(n)})$$

と定義する．

全ての $\sigma \in \mathfrak{S}_n$ に対して $\varphi_\sigma(f) = f$ となるような有理関数 $f = f(x_1, \ldots, x_n)$ を，変数 $x_1, \ldots, x_n$ に関する対称式，ある

いは変数がはっきりしている場合は単に対称式，と呼ぶ．

第1章では，3変数の場合に，$\varphi_\sigma(F)$ のことを単に $\sigma(F)$ とあらわしていたが，ここでは置換群の元 $\sigma \in \mathfrak{S}_n$ と体の写像 $\varphi_\sigma : \mathbb{C}(x_1, x_2, \ldots, x_n) \to \mathbb{C}(x_1, x_2, \ldots, x_n)$ とを区別したいのでこのように表記する．

例 6.5

$n = 3$, $\sigma = (1, 2, 3)$, $f(x_1, x_2, x_3) = x_1 + 2x_2 + 3x_3^2$ とすると $\sigma(f)(x_1, x_2, x_3) = f(x_2, x_3, x_1) = x_2 + 2x_3 + 3x_1^2$ となる．

命題 6.6

(1) 各 $\sigma \in \mathfrak{S}_n$ に対し $\varphi_\sigma : \mathbb{C}(x_1, x_2, \ldots, x_n) \to \mathbb{C}(x_1, x_2, \ldots, x_n)$ は体の同型となる．

(2) $\sigma, \tau \in \mathfrak{S}_n$ に対して

$$\varphi_\sigma \circ \varphi_\tau = \varphi_{\sigma\tau} : \mathbb{C}(x_1, x_2, \ldots, x_n) \to \mathbb{C}(x_1, x_2, \ldots, x_n)$$

が成り立つ．

(3) $x_1, x_2, \ldots, x_n$ に関する対称式全体は，有理関数体 $\mathbb{C}(x_1, x_2, \ldots, x_n)$ の部分体となる，すなわち足し算かけ算引き算と，0以外の有理式による割り算について閉じている．この対称式全体がなす体を K とおくと，$\mathbb{C}(x_1, x_2, \ldots, x_n)/K$ は拡大次数 $n!$ を持つガロア拡大である．

[証明] (1) $f, g \in \mathbb{C}(x_1, \ldots, x_n)$ とし，$\diamond$ は $+, -, \times, \div$ のどれかだとする．ただし $\diamond = \div$ のときは $g \neq 0$ とする．

$$\varphi_\sigma(f \diamond g)(x_1, \ldots, x_n) = (f \diamond g)(x_{\sigma(1)}, \ldots, x_{\sigma(n)})$$
$$= f(x_{\sigma(1)}, \ldots, x_{\sigma(n)}) \diamond g(x_{\sigma(1)}, \ldots, x_{\sigma(n)})$$
$$= \varphi_\sigma(f)(x_1, \ldots, x_n) \diamond \varphi_\sigma(g)(x_1, \ldots, x_n)$$

により，φ_σ は確かに四則を保つ．さらに明らかに $\varphi_\sigma(1) = 1$ なので，φ_σ は体の準同型である．これが全単射になることの証明は，(2) のあとで行う．

(2) これだけ自然に写像を定義しているのでいかにも当たり前に成り立ちそうであるが，案外そうでもない．以下の証明からわかる通り，実は 2 回ひねって元に戻っているのである（関数じゃなく式と見なして，と言いながら関数ぽい直感を使わせていただくが，ご容赦を）．

$\{e_1, e_2, \ldots, e_n\}$ はベクトル空間 $\mathbb{C}^n$ の標準基底，すなわち e_k は第 k 成分が 1 で他が 0 というようなベクトルとする．$\sigma \in \mathfrak{S}_n$ に対し写像 $\psi_\sigma : \mathbb{C}^n \to \mathbb{C}^n$ を，まず $\psi_\sigma(e_k) = e_{\sigma(k)}$ とし，一般のベクトルに対してはこれを線形に拡張して定義する．すなわち $(a_1, a_2, \ldots, a_n) = a_1 e_1 + a_2 e_2 + \cdots + a_n e_n$ は ψ_σ によって $a_1 e_{\sigma(1)} + a_2 e_{\sigma(2)} + \cdots + a_n e_{\sigma(n)}$ へと送られる．このベクトル $a_1 e_{\sigma(1)} + a_2 e_{\sigma(2)} + \cdots + a_n e_{\sigma(n)}$ を成分表示しようとすると，例えばその e_1 の係数は，$\sigma(k) = 1$ となるような k を見つけると a_k が係数になっていることがわかる．つまり $k = \sigma^{-1}(1)$ であり，同様に一般に e_j の係数は $\sigma^{-1}(j)$ となるので

$$\psi_\sigma(a_1, a_2, \ldots, a_n) = (a_{\sigma^{-1}(1)}, a_{\sigma^{-1}(2)}, \ldots, a_{\sigma^{-1}(n)})$$

となる．変な所で逆元が出てきたことに注意しよう．

この ψ_σ たちの合成ルールについて調べる．ψ_σ は e_k を $e_{\sigma(k)}$ へ送り，さらに ψ_τ は $e_{\sigma(k)}$ を $e_{\tau(\sigma(k))} = e_{(\tau\sigma)(k)} = \psi_{\tau\sigma}(e_k)$ へ送るので，$\psi_\tau \circ \psi_\sigma$ と $\psi_{\tau\sigma}$ は基底上で一致する線形写像であり，したがっ

て全体で一致する．つまり $\psi_\tau \circ \psi_\sigma = \psi_{\tau\sigma}$ が成り立つ．

この ψ_σ を使って φ_σ を記述することができる．$\psi_\sigma(x_1, x_2, \ldots, x_n) = (x_{\sigma^{-1}(1)}, x_{\sigma^{-1}(2)}, \ldots, x_{\sigma^{-1}(n)})$ なので，σ のところに σ^{-1} を代入すると

$$\psi_{\sigma^{-1}}(x_1, x_2, \ldots, x_n) = (x_{\sigma(1)}, x_{\sigma(2)}, \ldots, x_{\sigma(n)})$$

が成り立つ．よって

$$\varphi_\sigma(f)(x_1, x_2, \ldots, x_n) = f(x_{\sigma(1)}, x_{\sigma(2)}, \ldots, x_{\sigma(n)})$$
$$= f(\psi_{\sigma^{-1}}(x_1, x_2, \ldots, x_n))$$

となる．すると合成に関して

$$(\varphi_\sigma \circ \varphi_\tau)(f)(x_1, \ldots, x_n) = \varphi_\sigma(\varphi_\tau(f)(x_1, x_2, \ldots, x_n))$$
$$= \varphi_\sigma(f(\psi_{\tau^{-1}}(x_1, \ldots, x_n)))$$
$$= f(\psi_{\tau^{-1}}(\psi_{\sigma^{-1}}(x_1, \ldots, x_n)))$$
$$= f((\psi_{\tau^{-1}} \circ \psi_{\sigma^{-1}})(x_1, \ldots, x_n))$$
$$= f(\psi_{\tau^{-1}\sigma^{-1}}(x_1, \ldots, x_n))$$
$$= f(\psi_{(\sigma\tau)^{-1}}(x_1, \ldots, x_n))$$
$$= \varphi_{\sigma\tau}(f)(x_1, \ldots, x_n)$$

となり，$\varphi_{\sigma\tau}(f) = (\varphi_\sigma \circ \varphi_\tau)(f)$ が成り立つので $\varphi_{\sigma\tau} = \varphi_\sigma \circ \varphi_\tau$ となる．言葉と数式で説明したが，図で説明すると，以下のようになる．

$$\psi_{\sigma^{-1}} \begin{pmatrix} x_1 \\ x_2 \\ \vdots \\ x_n \end{pmatrix} = \begin{pmatrix} x_{\sigma(1)} \\ x_{\sigma(2)} \\ \vdots \\ x_{\sigma(n)} \end{pmatrix}$$

というように ψ_σ を定義すると

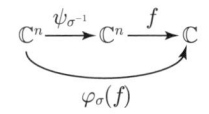

$$\mathbb{C}^n \xrightarrow{\psi_{\sigma^{-1}}} \mathbb{C}^n \xrightarrow{f} \mathbb{C}$$
$$\underbrace{\qquad\qquad\qquad\qquad}_{\varphi_\sigma(f)}$$

というように $\varphi_\sigma(f)$ が ψ_σ を使ってあらわされるので, $\psi_{\tau^{-1}} \circ \psi_{\sigma^{-1}} = \psi_{\tau^{-1}\sigma^{-1}} = \psi_{(\sigma\tau)^{-1}}$ を用いて

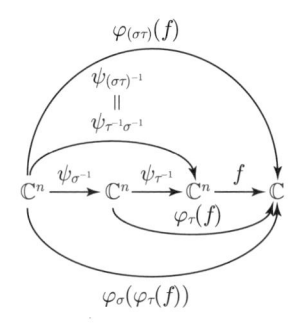

$$\mathbb{C}^n \xrightarrow{\psi_{\sigma^{-1}}} \mathbb{C}^n \xrightarrow{\psi_{\tau^{-1}}} \mathbb{C}^n \xrightarrow{f} \mathbb{C}$$

と計算して $\varphi_{\sigma\tau}(f) = (\varphi_\sigma \circ \varphi_\tau)(f)$ がわかる.

(2) より特に $\varphi_\sigma \circ \varphi_{\sigma^{-1}} = \varphi_{(1)}$ は恒等写像なので, 任意の $f(x) = \varphi_\sigma(\varphi_{\sigma^{-1}}(f))$ となり, φ_σ の全射性が示された. 命題 4.3 の単射性と合わせて, φ_σ は全単射であり, よって体の同型である.

(3) (2) により, $\{\varphi_\sigma | \sigma \in \mathfrak{S}_n\}$ は写像の合成, 逆写像についてそれぞれ閉じているので群をなす. よって命題 4.33 によりその固定部分体を L とすると, $[\mathbb{C}(x_1, \ldots, x_n) : L] = |\mathfrak{S}_n| = n!$ となり, $\mathbb{C}(x_1, \ldots, x_n)/L$ は拡大次数 $|\mathfrak{S}_n| = n!$ のガロア拡大である. ところが, f が固定部分体 L に入るとは, f がどの φ_σ でも動かない, ということなので, まさに f が対称式, すなわち $f \in K$ という条件と同値である. よって $K = L$ であり, 対称式全体 K は体で, $\mathbb{C}(x_1, \ldots, x_n)/K$ は拡大次数 $|\mathfrak{S}_n| = n!$ のガロア拡大である.

□

定義 6.7

有理関数体 $\mathbb{C}(x_1, x_2, \ldots, x_n)$ を係数とする多項式 $\prod_{k=1}^{n}(T-x_k) = (T-x_1)(T-x_2)\cdots(T-x_n)$ を考え，これを展開して

$$(T-x_1)(T-x_2)\cdots(T-x_n)$$
$$= T^n - e_1(x_1, x_2, \ldots, x_n)T^{n-1} + e_2(x_1, x_2, \ldots, x_n)T^{n-2} -$$
$$\cdots + (-1)^{n-1}e_{n-1}(x_1, x_2, \ldots, x_n) + (-1)^n e_n(x_1, x_2 \ldots, x_n)$$
$$= T^n + \sum_{k=1}^{n}(-1)^k e_k(x_1, x_2, \ldots, x_n)T^{n-k}$$

とおく．ただし，$e_1(x_1, \ldots, x_n)$ から $e_n(x_1, \ldots, x_n)$ までは $\mathbb{C}(x_1, \ldots, x_n)$ の元である（より正確には，多項式である）．これらの式 $e_k(x_1, \ldots, x_n)$（ただし $k = 1, 2, \ldots, n$）を，$x_1, \ldots, x_n$ を変数とする k 次基本対称式と呼ぶ．

命題 6.8

基本対称式は（その名の通り）変数 $x_1, \ldots, x_n$ に関する対称式である．

[証明] $e_k(x_1, x_2, \ldots, x_n)$ のことを単に e_k と書くことにして

$$\varphi_\sigma \Big(T^n - e_1 T^{n-1} + e_2 T^{n-2} - \cdots + (-1)^{n-1}e_{n-1}T + (-1)^n e_n \Big)$$
$$= \varphi_\sigma \Big((T-x_1)(T-x_2)\cdots(T-x_n) \Big)$$
$$= (T-x_{\sigma(1)})(T-x_{\sigma(2)})\cdots(T-x_{\sigma(n)})$$
$$= (T-x_1)(T-x_2)\cdots(T-x_n) \quad \text{（積の交換則より）}$$
$$= T^n - e_1 T^{n-1} + e_2 T^{n-2} - \cdots + (-1)^{n-1}e_{n-1}T + (-1)^n e_n$$

となるので，T^{n-k} の係数を比べて $\varphi_\sigma(e_k) = e_k$ となることがわかる． □

基本対称式の具体的な形は次の命題からわかる．

命題 6.9

(1) $e_1(x_1,\ldots,x_n) = x_1 + x_2 + \cdots + x_n$ である．

(2) $e_n(x_1,\ldots,x_n) = x_1 x_2 \cdots x_n$ である．

(3) $e_k(x_1,\ldots,x_n)$ は $\{x_1, x_2, \ldots, x_n\}$ の中から k 個の相異なる元を取ってそれらをかけ合わせたもの全体を足し合わせたものである．つまり

$$e_k(x_1,\ldots,x_n) = \sum_{1 \le i_1 < i_2 < \cdots < i_k \le n} x_{i_1} x_{i_2} \cdots x_{i_k}$$

が成り立つ．

(4) 等式

$$e_k(x_1,\ldots,x_n) = e_k(x_1,\ldots,x_{n-1}) + x_n e_{k-1}(x_1,\ldots,x_n)$$

が成り立つ．ただし，$k = 1$ のとき，$e_{k-1}(x_1,\ldots,x_{n-1}) = 1$ と解釈する．

[証明] まず (4) から示す．$e_0(x_1,\ldots,x_n) = 1$ と定義すると（ただしこの e_0 は基本対称式ではない）$\sum_{k=0}^{n} e_k(x_1,\ldots,x_n) T^{n-k} = \prod_{k=1}^{n}(T - x_k)$ が成り立つので

$$\sum_{k=0}^{n} (-1)^k e_k(x_1, x_2, \ldots, x_n) T^{n-k}$$
$$= (T - x_1)(T - x_2) \cdots (T - x_n)$$
$$= \Big((T - x_1)(T - x_2) \cdots (T - x_{n-1})\Big)(T - x_n)$$
$$= \Big(\sum_{k=0}^{n-1} (-1)^k e_k(x_1,\ldots,x_{n-1}) T^{n-1-k}\Big)(T - x_n)$$
$$= T^n + \sum_{k=1}^{n} (-1)^k \Big(e_k(x_1,\ldots,x_{n-1}) + e_{k-1}(x_1,\ldots,x_{n-1}) x_n\Big) T^k$$

よって T^k の係数を比べると求める等式が得られる．

(1), (2), (3) は (4) を使って n に関して帰納的に示される．$n=1$ なら $T-x_1 = T-e_1(x_1)$ より $e_1(x_1) = x_1$，よって (1), (2), (3) が成り立つ．$n-1$ まで命題 6.8 が成り立ったとすると (4) より

$$e_1(x_1,\ldots,x_n) = e_1(x_1,\ldots,x_{n-1}) + x_n \cdot 1$$
$$= x_1 + x_2 + \cdots + x_{n-1} + x_n$$

と (1) が得られる．

また定義より $e_n(x_1,\ldots,x_{n-1}) = 0$ なので

$$e_n(x_1,\ldots,x_n) = e_n(x_1,\ldots,x_{n-1}) + x_n e_{n-1}(x_1,\ldots,x_{n-1})$$
$$= x_1 x_2 \cdots x_n$$

より (2) がわかる．

$e_{k-1}(x_1,\ldots,x_{n-1})$ が $x_1,\ldots,x_{n-1}$ の中から $k-1$ 個を選んでそれをかけ合わせたものの和であれば，$x_n e_{k-1}(x_1,\ldots,x_{n-1})$ は $x_1,\ldots,x_n$ の中から k 個を選んで，その中に x_n が入っているものの和となるので，残り，すなわち x_n が入っていないものの和 $e_k(x_1,\ldots,x_{n-1})$ を加えれば $x_1,\ldots,x_n$ の中から k 個を選んでそれらをかけ合わせたもの全ての和となる．(4) より，(3) がこれから従う．□

定理 6.10　対称式論の基本定理

$x_1, x_2, \ldots, x_n$ を変数とする有理関数体 $\mathbb{C}(x_1, x_2, \ldots, x_n)$ を考える．$e_k = e_k(x_1, x_2, \ldots, x_n) \in \mathbb{C}(x_1, \ldots, x_n)$ は $x_1, \ldots, x_n$ を変数とする k 次基本対称式とする．有理式 $f = f(x_1, x_2, \ldots, x_n) \in \mathbb{C}(x_1, \ldots, x_n)$ が対称式であれば，f は定数 $\mathbb{C}$ と基本対称式 $e_1, e_2, \ldots, e_n$ を四則演算で組み合わせてあらわすことが

できる．言い換えると，対称式全体がなす体は $\mathbb{C}(e_1, e_2, \ldots, e_n)$ に一致する．

［証明］ $K \subset \mathbb{C}(x_1, x_2, \ldots, x_n)$ を対称式全体がなす集合とすると，命題 6.6 (3) により K は部分体となり，$[\mathbb{C}(x_1, \ldots, x_n) : K] = n!$ となる．命題 6.8 により $\mathbb{C}(e_1, e_2, \ldots, e_n)$ は K の部分体となり，次数公式により

$$[K : \mathbb{C}(e_1, \ldots, e_n)] = \frac{[\mathbb{C}(x_1, x_2, \ldots, x_n) : \mathbb{C}(e_1, e_2, \ldots, e_n)]}{n!}$$

が成り立つので，$[\mathbb{C}(x_1, x_2, \ldots, x_n) : \mathbb{C}(e_1, e_2, \ldots, e_n)] \leq n!$ を示せば $[K : \mathbb{C}(e_1, \ldots, e_n)] = 1$ から $K = \mathbb{C}(e_1, e_2, \ldots, e_n)$ となること，つまり対称式は全て $e_1, e_2, \ldots, e_n$ の有理式であらわされる，ということが確かめられる．

さて $k = 0, 1, 2, \ldots, n$ に対し $L_k = \mathbb{C}(e_1, e_2, \ldots, e_n, x_1, x_2, \ldots, x_k)$ とおこう．

$$\mathbb{C}(e_1, \ldots, e_n) = L_0 \subset L_1 \subset L_2 \subset \cdots \subset L_n = \mathbb{C}(x_1, \ldots, x_n)$$

という体の列ができるので，$[L_{k+1} : L_k] \leq n - k$ を示せば

$$[L_n : L_0] = [L_n : L_{n-1}] \cdot [L_{n-1} : L_{n-2}] \cdots [L_2 : L_1] \cdot [L_1 : L_0]$$
$$\leq 1 \cdot 2 \cdots (n-1) \cdot n$$
$$= n!$$

となり証明が終わる．L_{k+1} は L_k に x_{k+1} を添加した体なので，x_{k+1} がある L_k 係数の $n-k$ 次多項式の根になることを示せば $[L_{k+1} : L_k] \leq n-k$ が従う．x_{k+1} は方程式 $T^n - e_1 T^{n-1} + e_2 T^{n-2} - \cdots + (-1)^n e_n = 0$ の解だが，$L_k \ni x_1, x_2, \ldots, x_k$ なので k 次式 $(T - x_1)(T - x_2) \cdots (T - x_k)$ は L_k 係数の多項式であり，$T^n - e_1 T^{n-1} + e_2 T^{n-2} - \cdots + (-1)^n e_n$ を $(T - x_1)(T - x_2) \cdots (T - x_k)$

で割り算すると割り切れ，その商は L_k 係数の $n-k$ 次式で，x_{k+1} を根に持つ． □

事実 6.11

定理 6.10 の証明は非構成的であるが，構成的な証明もある．グレブナー基底の発想を用いて，対称式が具体的に与えられた時に，それを基本対称式の有理式としてあらわすアルゴリズムが存在する．

第 1 章では，「対称性を崩すことができないと，解の公式を作ることができない」つまり対称性を崩すことが必要条件であることを証明した．ガロア理論を使えば，これが十分条件であること，すなわち対称性を崩すことさえできれば解の公式を作れる，ということがわかる．

系 6.12

$f = f(x_1, \ldots, x_n), g = g(x_1, \ldots, x_n) \in \mathbb{C}(x_1, \ldots, x_n)$ は有理式，$G = \{\varphi_\sigma | \sigma \in \mathfrak{S}_n\}$ は $\mathbb{C}(x_1, \ldots, x_n)/\mathbb{C}(e_1, \ldots, e_n)$ のガロア群とし，H_f, H_g はそれぞれ f, g の固定部分群であるとする．もし $H_f \subset H_g$ ならば，g は $\mathbb{C}$ と $e_1, e_2, \ldots, e_n$，それに f を四則演算で組み合わせて（つまり $e_1, e_2, \ldots, e_n, f$ の有理式として）あらわすことができる．特に f が対称性を全く持たない式，すなわち $H_f = \{\varphi_{(1)}\}$ であれば，$x_1, x_2, \ldots, x_n$ を f と $e_1, \ldots, e_n$ の有理式であらわすことができる．つまり f を使って「解の公式」を作ることができる．

[証明] 中間体 $\mathbb{C}(e_1, e_2, \ldots, e_n, f)$ の固定部分群が H_f であることに注意しよう．実際 H_f に含まれない置換は f を動かしてしまうし，一方 H_f に含まれる置換は e_k も f も動かさない体の同型なので，それらを四則で組み合わせた式，すなわち $\mathbb{C}(e_1, e_2, \ldots, e_n, f)$ の元も動かさない．よって $H_f \subset H_g$ という仮定から，対応する中間体の包含関係 $\mathbb{C}(e_1, e_2, \ldots, e_n, f) \supset \mathbb{C}(e_1, e_2, \ldots, e_n, g)$ が得られる．特に $g \in \mathbb{C}(e_1, e_2, \ldots, e_n, f)$ となり，g を $e_1, e_2, \ldots, e_n$ および f の有理式であらわすことができる． □

6.2　5次以上の方程式の解の公式

$x_1, x_2, \ldots, x_n$ を解とする方程式は

$$(T - x_1)(T - x_2) \cdots (T - x_n)$$
$$= T^n - e_1 T^{n-1} + e_2 T^{n-2} - \cdots + (-1)^n e_n$$
$$= 0$$

である．この n 次方程式の解の公式が，四則演算とベキ根だけを使って作れたとしよう．つまり $x_1, x_2, \ldots, x_n$ が $e_1, e_2, \ldots, e_n$ によって次のようにあらわされた，とする．まず方程式の係数 $e_1, e_2, \ldots, e_n$ を四則演算で組み合わせて，式 $f_1 = f_1(e_1, \ldots, e_n)$ を作る．この f_1 は体 $\mathbb{C}(e_1, e_2, \ldots, e_n)$ の元である．次に，p_1 を素数として，f_1 の p_1 乗根を取る．（一般に n 乗根をとるためには，素数乗根さえ取れれば十分である．例えば f_1 の 6 乗根を取りたければ，まず f_1 の 2 乗根 $\sqrt{f_1}$ を取ってから次にその 3 乗根 $\sqrt[3]{\sqrt{f_1}} = \sqrt[6]{f_1}$ を取れば良い.)

さて，f_1 の p_1 乗根 $\sqrt[p_1]{f_1}$ を取った．これと，$e_1, e_1, \ldots, e_n$ を四則演算で自由に組み合わせて，次の式 $f_2 = f_2(e_1, e_2, \ldots, e_n, \sqrt[p_1]{f_1})$ を作る．f_2 は $\mathbb{C}(e_1, e_2, \ldots, e_n, \sqrt[p_1]{f_1})$ の元である．そこでまた p_2 を素数として，f_2 の p_2 乗根 $\sqrt[p_2]{f_2}$ を取る．そして，$e_1, e_2, \ldots, e_n, \sqrt[p_1]{f_1}, \sqrt[p_2]{f_2}$ を四則演算で自由に組み合わせて，次の式 $f_3 \in \mathbb{C}(e_1, e_2, \ldots, e_n, \sqrt[p_1]{f_1}, \sqrt[p_2]{f_2})$ を作る．これの素数乗根 $\sqrt[p_3]{f_3}$ を取り，さらに四則演算で新しい式 f_4 を作り，$\cdots$ という操作を続けて，最終的に $f_{s+1} = x_1$ という式を作ることができれば，解の公式ができた，ということになるわけだ．$x_2, x_3, \ldots, x_n$ はどうなっているのか心配する読者もあるかも知れないが，対称性から，x_1 さえ作れれば，他の $x_2, x_3, \ldots$ も全部同様に作れることがわかる．

かくして，体の拡大の列

$$\mathbb{C}(e_1, e_2, \ldots, e_n) \subset \mathbb{C}(e_1, e_2, \ldots, e_n, \sqrt[p_1]{f_1})$$
$$\subset \mathbb{C}(e_1, e_2, \ldots, e_n, \sqrt[p_1]{f_1}, \sqrt[p_2]{f_2})$$
$$\subset \quad \vdots$$
$$\subset \mathbb{C}(e_1, e_2, \ldots, e_n, \sqrt[p_1]{f_1}, \sqrt[p_2]{f_2}, \cdots \sqrt[p_s]{f_s})$$

ができ，最後の $\mathbb{C}(e_1, e_2, \ldots, e_n, \sqrt[p_1]{f_1}, \sqrt[p_2]{f_2}, \cdots \sqrt[p_s]{f_s})$ の元 f_{s+1} が x_1 に等しくなる．必要なら，x_2 用の列，x_3 用の列，$\cdots$ も付け加えて（よって s も取り直して），$\mathbb{C}(e_1, e_2, \ldots, e_n, \sqrt[p_1]{f_1}, \sqrt[p_2]{f_2}, \cdots \sqrt[p_s]{f_s})$ が $\mathbb{C}(x_1, x_2, \ldots, x_n)$ を含み，各 f_k がひとつ手前の $\mathbb{C}(e_1, e_2, \ldots, e_n, \sqrt[p_1]{f_1}, \sqrt[p_2]{f_2}, \cdots \sqrt[p_k]{f_k})$ に含まれている，というようなものを作ることができる．

これを逆にたどれば，そのような体の列，すなわち

$$\mathbb{C}(e_1, e_2, \ldots, e_n) = K_0 \subset K_1 = K_0(\sqrt[p_1]{f_1})$$
$$\subset K_2 = K_1(\sqrt[p_2]{f_2})$$
$$\subset K_3 = K_2(\sqrt[p_3]{f_3})$$
$$\subset \quad \vdots$$
$$\subset K_s = K_{s-1}(\sqrt[p_s]{f_s})$$
$$\supset \mathbb{C}(x_1, \ldots, x_n)$$

で,各 f_k が K_{k-1} の元,というような列があれば,n 次方程式の解の公式が作れる,ということになる.

この体拡大の様子を 2 次方程式,3 次方程式,4 次方程式の場合に調べてみよう.

例 6.13

$n = 2$ のとき

$$(x_1 - x_2)^2 = x_1^2 - 2x_1 x_2 + x_2^2 = (x_1 + x_2)^2 - 4x_1 x_2 = e_1^2 - 4e_2$$

が対称式になるので,

$$\mathbb{C}(e_1, e_2) = \mathbb{C}(e_1(= x_1 + x_2), e_2(= x_1 x_2))$$
$$\subset \mathbb{C}(e_1, e_2, \sqrt{e_1^2 - 4e_2})$$
$$= \mathbb{C}(x_1 + x_2, x_1 x_2, x_1 - x_2)$$
$$= \mathbb{C}(x_1, x_2)$$

となるので,$f_1(e_1, e_2) = e_1^2 - 4e_2, p_1 = 2$ とすれば,$f_2(e_1, e_2, \sqrt{f_1}) = \dfrac{e_1 + \sqrt{f_1}}{2} = x_1$ と解の公式があらわされる.もう一方の解 x_2 は,平方根のところで $-\sqrt{f_1}$ を選択すれば $\dfrac{e_1 - \sqrt{f_1}}{2} = x_2$ とあらわされる.

例 6.14

$n = 3$ の時は，1.4 節の結果により

$$\Big((x_1 - x_2)(x_2 - x_3)(x_3 - x_1)\Big)^2$$
$$= -27e_3^2 - 4e_1^3 e_3 + 18 e_1 e_2 e_3 + e_1^2 e_2^2 - 4 e_2^3$$

であったので f_1 はこの式の右辺，すなわち

$f_1(e_1, e_2, e_3)$
$:= -27e_3^2 - 4e_1^3 e_3 + 18 e_1 e_2 e_3 + e_1^2 e_2^2 - 4 e_2^3 \in \mathbb{C}(e_1, e_2, e_3)$

とする．また $p_1 = 2$ とおく．すると $\sqrt{f_1} = (x_1 - x_2)(x_2 - x_3)(x_3 - x_1)$ となる．

次に $\omega = \dfrac{-1 + \sqrt{-3}}{2}$ とおくと，

$(x_1 + \omega x_2 + \omega^2 x_3)^3$
$$= -e_1^3 + 3 e_1 e_2 - \frac{27}{2} e_3 + \frac{3}{2} e_1 e_2 + \frac{3\sqrt{-3}}{2} \sqrt{f_1}$$

となるので，f_2 をこの式の右辺，すなわち

$f_2(e_1, e_2, e_3, \sqrt{f_1})$
$$= -e_1^3 + 3 e_1 e_2 - \frac{27}{2} e_3 + \frac{3}{2} e_1 e_2 + \frac{3\sqrt{-3}}{2} \sqrt{f_1}$$

とおくと $f_2 \in \mathbb{C}(e_1, e_2, e_3, \sqrt{f_1})$ であり，

$$\mathbb{C}(e_1, e_2, e_3) \subset \mathbb{C}(e_1, e_2, e_3, \sqrt{f_1})$$
$$\subset \mathbb{C}(e_1, e_2, e_3, \sqrt{f_1}, \sqrt[3]{f_2})$$

となる．$\sqrt[3]{f_2} = x_1 + \omega x_2 + \omega^2 x_3$ であり，この式の固定部分群は $\{\varphi_{(1)}\}$ のみなので，系 6.12 により $\mathbb{C}(e_1, e_2, e_3, \sqrt{f_1}, \sqrt[3]{f_2}) = \mathbb{C}(x_1, x_2, x_3)$ である．

$n = 2, 3$ の場合は途中で作られる体が全て $\mathbb{C}(x_1, \ldots, x_n)$ の部分体であり，したがって最後にぴったり $\mathbb{C}(x_1, \ldots, x_n)$ がベキ根によって作られている．よって，その中間体の様子を，$\mathrm{Gal}(\mathbb{C}(x_1, \ldots, x_n)/\mathbb{C}(e_1, \ldots, e_n))$ の部分群で観察することができる．$n = 2$ の場合は

$$\mathrm{Gal}(\mathbb{C}(x_1, x_2)/\mathbb{C}(e_1, e_2)) \simeq \mathfrak{S}_2 = \{(1), (12)\}$$

であり，$\mathbb{C}(e_1, e_2)$ に対応する部分群は $\mathfrak{S}_2$，$\mathbb{C}(x_1, x_2)$ に対応する部分群は $\{(1)\}$ なので，部分群の列 $\mathfrak{S}_2 \supset \{(1)\}$ が中間体の拡大をあらわしている．

次に $n = 3$ の場合，ガロア群は 3 つの根 $\{x_1, x_2, x_3\}$ を入れ替える

$$\mathfrak{S}_3 = \{(1), (12), (23), (31), (123), (132)\}$$

であり，$\sqrt{f_1} = (x_1 - x_2)(x_2 - x_3)(x_3 - x_1)$ の固定部分群は $\mathfrak{A}_3 = \{(1), (123), (132)\}$ である．よってこの場合は

$$\mathfrak{S}_3 \supset \{(1), (123), (132)\} \supset \{(1)\}$$

という中間体の列が，ベキ根によって順に対称性が崩されていく様子をあらわしている．

$n = 4$ の場合，中間体を具体的に書くと式が大変な長さになってしまうので，対称性を崩していく部分群の列だけを記述することにしよう．

例 6.15

フェラーリの方法によって 4 次方程式を解くと，まず $x_1 x_2 + x_3 x_4$，$x_1 x_3 + x_2 x_4$，$x_1 x_4 + x_2 x_3$ を解に持つ（正確にはそれらの $\dfrac{1}{2}$ 倍を解に持つ）3 次方程式を作って，その 3 次方程式を解くところから始まる．

3次方程式を解く際には、$y_1 = x_1x_2 + x_3x_4$, $y_2 = x_1x_3 + x_2x_4$, $y_3 = x_1x_4 + x_2x_3$ に対して $(y_1-y_2)(y_2-y_3)(y_3-y_1)$ という式の2乗が x_1, x_2, x_3, x_4 の対称式なので、その平方根を取ることが第1ステップである。互換 (ij) によって x_1, x_2, x_3, x_4 のうち2つだけを入れ替えると、y_1, y_2, y_3 のうち一つが固定され、残り2つが入れ替わることがわかる。つまり $\{x_1, x_2, x_3, x_4\}$ の互換は $\{y_1, y_2, y_3\}$ の互換を引き起こし、よって式 $(y_1-y_2)(y_2-y_3)(y_3-y_1)$ の値を -1 倍にする。したがって偶置換は $(y_1-y_2)(y_2-y_3)(y_3-y_1)$ の値を変えない。つまり対称性の崩しは、最初は $\mathfrak{S}_4 \supset \mathfrak{A}_4$ から始まる。判別式 $\delta := \prod_{1 \leq i < j \leq 4}(x_i - x_j)$ を添加した中間体 $\mathbb{C}(e_1, e_2, e_3, e_4, \delta)$ に対応する群が $\mathfrak{A}_4$ なので、この中間体が得られたことになる。

次に3次方程式
$$(S - (x_1x_2 + x_3x_4))(S - (x_1x_3 + x_2x_4))(S - (x_1x_4 + x_2x_3)) = 0$$
の解のひとつ（例えば $x_1x_2 + x_3x_4$）を求めて添加することで、体は
$$\mathbb{C}(e_1, e_2, e_3, e_4, \delta, x_1x_2 + x_3x_4)$$
にまで拡張される。この体の固定部分群、すなわち δ と $x_1x_2 + x_3x_4$ を固定する $\mathfrak{S}_4$ の元は $\{(1), (12)(34), (13)(24), (14)(23)\}$ である。よってここまでで対称性は
$$\mathfrak{S}_4 \supset \mathfrak{A}_4 \supset \{(1), (12)(34), (13)(24), (14)(23)\}$$
まで崩されたことになる。（なお、第1章では、計算の面倒を避けるため3次方程式の解の公式によらずにいきなり3次方程式の解 k がひとつ見つけられる例ばかりをご紹介したが、

それだと δ が添加されない．中間体 $\mathbb{C}(e_1, e_2, e_3, e_4, x_1x_2 + x_3x_4)$ に対応する部分群は

$$\{(1), (12)(34), (13)(24), (14)(23), (1324), (1423), (12), (34)\}$$

である．）

1.3 節では，（例えば $x_1x_2 + x_3x_4 = 2k$ とおいて）元の方程式が

$$y^3 + 2ky^2 + k - 2 = (2k-p)y^2 - qy + k^2 - r$$

と変形された．ここで右辺が完全平方なので

$$\left(\sqrt{2k-p}\left(y - \frac{q}{2(2k-p)}\right)\right)^2$$

と，式として平方根を取る．フェラーリの方法では，$x_1 + x_2 + x_3 + x_4 = 0$ としてからこの変形を行うわけだが，その時ここで出てくる平方根 $\sqrt{2k-p}$ が実は $\pm(x_1 + x_2)$ であることがわかる．実際，$x_1 + x_2 + x_3 + x_4 = 0$ なので $x_1 + x_2 = -(x_3 + x_4)$ であり，両辺 2 乗して $(x_1 + x_2)^2 = (x_3 + x_4)^2$，よって

$$\begin{aligned}
2(x_1 + x_2)^2 &= (x_1 + x_2)^2 + (x_3 + x_4)^2 \\
&= x_1^2 + x_2^2 + x_3^2 + x_4^2 + 2x_1x_2 + 2x_3x_4 \\
&= (x_1 + x_2 + x_3 + x_4)^2 \\
&\quad - 2(x_1x_3 + x_1x_4 + x_2x_3 + x_2x_4) \\
&= 2(x_1x_2 + x_3x_4) - 2p \\
&= 4k - 2p
\end{aligned}$$

となるので，この両辺を 2 で割って平方根を取れば求める式が得られる．平方根を取った時点で体が

$$\mathbb{C}(e_1, e_2, e_3, e_4, \delta, x_1x_2 + x_3x_4, x_1 + x_2)$$

まで拡張される．x_1+x_2 も固定するのは $\{(1), (12)(34)\}$ のみ．2乗引く2乗で2つの2次式の積になるが，その一方の形が

$$y^2 - (x_1 + x_2)y + x_1x_2 = 0$$

となっている．この2次方程式を解くと $(12)(34)$ の対称性も崩れる．最終的に，4次方程式の対称性を崩していく列は

$$\mathfrak{S}_4 \supset \mathfrak{A}_4 \supset \{(1), (12)(34), (13)(24), (14)(23)\}$$
$$\supset \{(1), (12)\} \supset \{(1)\}$$

の4段階，ということがわかった．

ベキ根によって式の対称性を崩していくとき，どんな崩し方でもできるのだろうか，それとも何か制限がつくのであろうか？ 次の定理がその疑問に答えてくれる．ベキ根による体拡大は，ガロア群の言葉で表現される厳しい制限が課せられるのである．

定理6.16

K は体，p は素数で，K は 1 の原始 p 乗根を含むとする（すなわち $x^p = 1$ は K 内に p 個の相異なる根を持つとする）．$b \in K$ は K の元の p 乗としてはあらわせないとする，すなわち $x^p = b$ は K 内に解を持たないとする．$\alpha = \sqrt[p]{b}$ とおくと $K(\alpha)/K$ はガロア拡大であり，そのガロア群は位数 p の巡回群 $\mathbb{Z}/p\mathbb{Z}$ と同型になる．

[証明] $\zeta \in K$ を 1 の原始 p 乗根とすると，$\{1, \zeta, \zeta^2, \ldots, \zeta^{p-1}\}$ が K 内における 1 の p 乗根の全体である．$\alpha = \sqrt[p]{b} \in K(\sqrt[p]{b})$ とおく

と，$\alpha, \zeta\alpha, \ldots, \zeta^{p-1}\alpha$ という p 個の元は $x^p = b$ の解になる．$x^p = b$ は p 次方程式なので，補題 4.8 によりこれらが解の全てである．

補題 6.17

$x^p - b \in K[x]$ は K 上既約である．

[補題 6.17 の証明] $x^p - b$ が既約でなければ，$x^p - b = f(x)g(x)$ と低次の多項式の積にわかれる．$f(x) = (x - \zeta^{i_1}\alpha)(x - \zeta^{i_2}\alpha) \cdots (x - \zeta^{i_k}\alpha)$ として良い（ただし $0 < k < p$）．$f(x)$ の定数項 $\zeta^{\sum i_j}\alpha^k$ は K の元なので，$\zeta \in K$ から $\alpha^k \in K$ となる．ここで $0 < k < p$ で p が素数なので，k と p は互いに素．注意 2.26 により $ks + pt = 1$ となるような整数 s と t が存在する．$b = \alpha^p$ と $\alpha^k \in K$ から $(\alpha^k)^t \cdot (\alpha^p)^t = \alpha^{ks+pt} = \alpha \in K$ となり，$b \in K$ は K の元の p 乗としてはあらわせない，という仮定に反する． □

補題 6.17 により $K(\alpha) \supset K$ は p 次拡大であり，α の共役元は α, $\zeta\alpha$, $\cdots$, $\zeta^{p-1}\alpha$ の p 個になる．これらが全て $K(\alpha)$ に含まれるので，$K(\alpha)/K$ はガロア拡大．ガロア群は位数が素数 p なので，巡回群だとわかるが，次のように写像として具体的に求めることができる．$k = 0, 1, 2, \ldots, p-1$ に対し K 上の体の同型 $\psi_k : K(\alpha) \to K(\alpha)$ を $\psi_k(\alpha) = \zeta^k\alpha$ により定めると，$k, \ell \in \{0, 1, 2, \ldots, p-1\}$ に対し，$k + \ell$ を p で割った余りを r とおいて

$$
\begin{aligned}
(\psi_k \circ \psi_\ell)(\alpha) &= \psi_k(\psi_\ell(\alpha)) \\
&= \psi_k(\zeta^\ell \alpha) \\
&= \zeta^\ell \cdot \zeta^k \alpha \\
&= \zeta^{\ell+k} \alpha \\
&= \zeta^r \alpha
\end{aligned}
$$

となる.よって $\psi_k \circ \psi_\ell = \psi_r$ となり,$\overline{k}$ を ψ_k へ送ることによって写像 $\mathbb{Z}/p\mathbb{Z} \to \mathrm{Gal}(K(\alpha)/K)$ を定めると,この全単射が群の演算も保つことがわかる.よって $\mathrm{Gal}(K(\alpha)/K)$ は ψ_1 が生成する巡回群となることがわかった. □

2次,3次,4次方程式の解の公式を作る際に,途中に出てくる式は全て $x_1, x_2, \ldots, x_n$ の有理式であった.つまり有理関数体 $\mathbb{C}(x_1, x_2, \ldots, x_n)$ の中でベキ根により体拡大を作っていって,$\mathbb{C}(e_1, \ldots, e_n)$ から $\mathbb{C}(x_1, \ldots, x_n)$ を作ったわけである.5次以上の方程式の場合,そのようなやり方では解の公式を作れないことを証明しよう.

定理 6.18

$n \geq 5$ ならば,次のような中間体の列は存在しない.

$$\begin{aligned}
\mathbb{C}(e_1, e_2, \ldots, e_n) = K_0 &\subset K_1 = K_0(\sqrt[p_1]{f_1}) \\
&\subset K_2 = K_1(\sqrt[p_2]{f_2}) \\
&\subset \quad \vdots \\
&\subset K_s = K_{s-1}(\sqrt[p_s]{f_s}) \\
&= \mathbb{C}(x_1, x_2, \ldots, x_n)
\end{aligned}$$

ただし $p_1, p_2, \ldots, p_s$ は素数であり,$f_k \in K_{k-1}$ である.

[証明] $\mathrm{Gal}(\mathbb{C}(x_1, \ldots, x_n)/\mathbb{C}(e_1, \ldots, e_n))$ は $\mathfrak{S}_n$ をガロア群に持つガロア拡大なので,中間体の増加列に対応する固定部分群の減少列を取ることができる.

$$\mathfrak{S}_n = G_0 \supset G_1 \supset G_2 \supset \cdots \supset G_s = \{(1)\}$$

ここにおいて，各 $K_k \subset K_s = \mathbb{C}(x_1, \ldots, x_n)$ は定理 4.29 (2) によりガロア拡大であり，そのガロア群は G_k である．定理 6.16 により K_k/K_{k-1} は位数 p_k の巡回群をガロア群として持つガロア拡大なので，定理 4.43 により G_k は G_{k-1} の正規部分群であり，G_k/G_{k-1} は位数 p_k の巡回群である．

補題 6.19

$n \geq 5$ で $G_k \subset G_{k-1} \subset \mathfrak{S}_n$ は n 次対称群の 2 つの部分群であり，G_k は G_{k-1} の正規部分群で商群 G_{k-1}/G_k はアーベル群であるとする．G_{k-1} が全ての 3 次巡回置換 (a, b, c) を含むならば，G_k も全ての 3 次巡回置換を含む．

[補題 6.19 の証明] 任意の $g, h \in G_{k-1}$ に対し，それらの商群 G_{k-1}/G_k での像を $\overline{g}, \overline{h}$ とすると，G_{k-1}/G_k はアーベル群なので $\overline{g}\overline{h}\overline{g}^{-1}\overline{h}^{-1}$ は単位元である．すなわち $ghg^{-1}h^{-1} \in G_{k-1}$ は G_k に含まれる．仮定より G_{k-1} は全ての 3 次巡回置換を含み，$n \geq 5$ なので，(a, b, c) と (a, d, e) という 5 文字を使った 2 つの 3 次巡回置換は G_{k-1} に含まれる．$g = (a, b, c), h = (a, d, e)$ として $ghg^{-1}h^{-1}$ を計算すると $(a, b, c)(a, d, e)(a, c, b)(a, e, d) = (a, b, d)$ となる．a, b, c, d, e は互いに相異なりさえすれば任意なので，G_k も全ての 3 次巡回置換を含むことがわかった．（補題 6.19 の証明終わり） □

$G_0 = \mathfrak{S}_n$ は全ての 3 次巡回置換を含むので，帰納的に全ての G_k が 3 次巡回置換を含んでしまうことがわかる．特に $G_s \supsetneq \{(1)\}$ のはずである．（定理 6.18 の証明終わり） □

方程式の解の公式を作る際に，途中に出てくる式が$\mathbb{C}(x_1, \ldots, x_n)$ に含まれなくてはならない，というルールはない．しかし本質的に上記と同じ方針で，どうやっても 5 次以上の方程式の解の公式は，四則演算とベキ乗根だけでは作れないことを示すことができる．必要な定義を与えたのち，一般に解の公式が不可能，という証明のアウトラインを問題形式でご紹介することにしよう．

定義 6.20

有限群 G が可解群であるとは，$G = G_0 \supset G_1 \supset \cdots \supset G_r = \{1\}$ という部分群の列で，G_{k+1} は G_k の正規部分群であり，商群 H_k/H_{k+1} が素数位数の巡回群，となるようなものが存在すること．可解群でない有限群を非可解群と呼ぶ．

$\mathfrak{S}_2, \mathfrak{S}_3, \mathfrak{S}_4$ に対しては具体的にこのような部分群の列を作ることでこれらが可解群であることを示した．一方，定理 6.18 の証明のポイントは，$n \geq 5$ ならば $\mathfrak{S}_n$ が非可解群になることであった．

定義 6.21

体の拡大 $K \subset L$ がベキ根拡大であるとは，$K = K_0 \subsetneq K_1 \subsetneq \cdots \subsetneq K_r = L$ という体の列を作ることができ，各 K_{k+1} はある $b_k \in K_k$ と素数 p_k により $K_{k+1} = K_k(\sqrt[p_k]{b_k})$ とあらわされること．

$K \subset L$ がベキ根拡大であれば，L の任意の元は K の元から出発して四則演算とベキ根によってあらわすことができる，というわけである．

問題 6.22

$K \subset L$ はベキ根拡大で,$K = K_0 \subset \cdots \subset K_r = L$,$K_k = K_{k-1}(\sqrt[p_k]{f_k})$,$p_k \in K_{k-1}$ で p_k は素数であるとする.また $K \subset M$ はガロア拡大で,$M \supset L$ であり,$G = \mathrm{Gal}(M/L) = \{\varphi_1, \ldots, \varphi_s\}$ とする.

(1) $\varphi_i(L)/K$ もベキ根拡大であることを示せ.

(2) $L_1/K, L_2/K$ がそれぞれ M に含まれるベキ根拡大であれば,L_1 と L_2 を含む M/K の最小の中間体もベキ根拡大であることを示せ.

(3) 任意の $\alpha \in L$ に対し,$\{\varphi_i(\alpha) | i = 1, 2, \ldots, s\}$ は α の共役元全体の集合に一致することを示せ.

(4) $\varphi_1(L)$, $\varphi_2(L)$, $\ldots$, $\varphi_s(L)$ 全てを含む M/K の最小の中間体は $\tilde{L}$ を含む K のベキ根拡大で,しかも $\tilde{L}/K$ はガロア拡大であることを示せ.

問題 6.23

G は可解群で,$G = G_0 \supset G_1 \supset \cdots \supset G_r = \{1\}$ という部分群の列がその可解性をあらわすものとする.$H \subset G$ は G の正規部分群とする.$\pi: G \to G/H$ を自然準同型とする.

(1) π による G_k の像 $\overline{G_k} := \pi(G_k) \subset G/H$ は G/H の部分群であることを示せ.

(2) $\overline{G_{k+1}}$ は $\overline{G_k}$ の正規部分群であることを示せ.

(3) $\overline{G_k}/\overline{G_{k+1}}$ は単位群であるか,あるいは素数位数の巡回群であることを示せ.

(4) G/H も可解群であることを示せ.

問題 6.24

体 K は 1 の原始 p 乗根を全て含むとする．

(1) L/K がベキ根ガロア拡大であれば，ガロア群 $G = \mathrm{Gal}(L/K)$ は可解群であることを示せ．

(2) L/K がベキ根ガロア拡大，M はその中間体で，M/K はガロア拡大であるとする．すると $\mathrm{Gal}(M/K)$ は可解群であることを示せ．

(3) $n \geq 5$ ならば，n 次代数方程式の解の公式を四則演算とベキ根のみによっては作れないことを証明せよ．

6.3 ガロアの定理

　5 次以上の方程式に解の公式はないが，5 次以上の方程式でも，解がその方程式の係数を使って加減乗除とベキ根であらわされることはある．例えば $x^5 - 2 = 0$ の解 $\sqrt[5]{2}$ がそうだ．$f(x)$ が有理数係数の多項式で，$\mathbb{Q}$ 上 $f(x)$ の分解体を K としよう．$K/\mathbb{Q}$ は定理 4.29 (1) によりガロア拡大なので，ガロア群 $G = \mathrm{Gal}(K/\mathbb{Q})$ が定義される．もし G が非可解群なら，$f(x) = 0$ の解 α を，有理数を材料に四則演算とベキ根であらわすことはできない．だが，その逆に，G が可解群なら α を四則演算とベキ根であらわすことができるのである．それを説明することがこの最終節の目標である．まず，定理 6.16 の逆を証明する．

定理 6.25

　p は素数とする．K は体で，1 の原始 p 乗根を含んでいるとする．L/K がガロア拡大で，$G = \mathrm{Gal}(L/K)$ が位数 p の巡回

群とする．このとき，うまく $b \in K$ を取ると，$L = K(\sqrt[p]{b})$ となる．

[証明] $\varphi \in \mathrm{Gal}(L/K)$ を単位元でない任意の元とすると，G は φ が生成する巡回群となる．つまり $G = \{\varphi^0, \varphi^1, \ldots, \varphi^{p-1}\}$ となる．また，$\zeta \in K$ を 1 の原始 p 乗根とする．

補題 6.26

$\psi_1, \psi_2, \ldots, \psi_r : L \to L$ は r 個の互いに相異なる体の準同型であるとする．するとこれらの写像は L 上一次独立である．すなわち，$a_1, a_2, \ldots, a_r \in L$ で任意の $x \in L$ に対して $a_1 \psi_1(x) + a_2 \psi_2(x) + \cdots + a_r \psi_r(x) = 0$ が成り立つならば，$a_1 = a_2 = \cdots = a_r = 0$ である．

[補題 6.26 の証明] r について帰納法．体の準同型は 1 を 1 へ送るので，$a_1 \psi_1(x) = 0$ が全ての $x \in L$ に対して成り立つならば，特に $x = 1$ を代入して $a_1 \psi_1(1) = a_1 = 0$ なので $r = 1$ の時は成立．$r - 1$ 以下の時は補題 6.26 は成り立つと仮定する．

$$a_1 \psi_1(x) + a_2 \psi_2(x) + \cdots + a_r \psi_r(x) = 0 \quad \cdots\cdots (1)$$

が全ての $x \in L$ に対して成り立つとしよう．$\psi_1 \neq \psi_2$ なので，$\psi_1(c) \neq \psi_2(c)$ となる $c \in L$ が存在する．(1) の x のところに cx を代入した式と (1) に $\psi_1(c)$ をかけた式を並べ，引き算すると，$a_2(\psi_2(c) - \psi_1(c))\psi_2(x) + \cdots + a_r(\psi_r(c) - \psi_1(c))\psi_r(x) = 0$ が得られる．帰納法の仮定より，$a_2(\psi_2(c) - \psi_1(c)) = a_3(\psi_3(c) - \psi_1(c)) = \cdots = a_r(\psi_r(c) - \psi_1(c)) = 0$ となる．特に $\psi_2(c) \neq \psi_1(c)$ なので，$a_2 = 0$ となることがわかる．元の式に代入すると，2 番目の項が抜けて $a_1 \psi_1(x) + a_3 \psi_3(x) + \cdots + a_r \psi_r(x) = 0$ が得られる．再び

帰納法の仮定により $a_1 = a_3 = a_4 = \cdots = a_r = 0$ となる．よって帰納法が成立した． □

補題 6.26 より，$\sum_{k=0}^{p-1} \dfrac{\varphi^k(x)}{\zeta^k}$ は x の値をうまく選べば 0 でない値を取る．そこでそのような $x \in L$ をひとつ選び，その x に対して $\alpha = \sum_{k=0}^{p-1} \dfrac{\varphi^k(x)}{\zeta^k}$ とおく．すると

$$\begin{aligned}
\varphi(\alpha) &= \varphi\left(\sum_{k=0}^{p-1} \frac{\varphi^k(x)}{\zeta^k}\right) \\
&= \sum_{k=0}^{p-1} \frac{\varphi^{k+1}(x)}{\zeta^k} \\
&= \zeta \sum_{j=0}^{p-1} \frac{\varphi^j(x)}{\zeta^j} \quad (j = k+1 \text{ とおいた}) \\
&= \zeta \alpha
\end{aligned}$$

特に $\varphi(\alpha) \neq \alpha$ なので，$\alpha \notin K$ であり，$[K(\alpha) : K] > 1$ となる．$K(\alpha)$ は L/K の中間体で，次数公式より $[L : K] = [L : K(\alpha)] \cdot [K(\alpha) : K]$ であるが，$[L : K] = p$ が素数なので $[K(\alpha) : K] = p$，よって $[L : K(\alpha)] = 1$ となり，$L = K(\alpha)$ となる．

次に $b = \alpha^p$ とおくと

$$\varphi(b) = \varphi(\alpha^p) = \varphi(\alpha)^p = (\zeta\alpha)^p = \zeta^p \alpha^p = \alpha^p = b$$

よって b は φ で固定される．φ は $\mathrm{Gal}(L/K)$ の生成元なので，b は $\mathrm{Gal}(L/K)$ の全ての元で固定され，よって $\mathrm{Gal}(L/K)$ の固定部分体 K に入る．$b = \alpha^p$ なので $\alpha = \sqrt[p]{b}$ となり，この $b \in K$ によって $L = K(\sqrt[p]{b})$ とあらわされることが確かめられた． □

先へ進む前に，言葉を準備しておこう．

6.3 ガロアの定理

定義 6.27

$K, L \subset \mathbb{C}$ を体とするとき，K と L を含む最小の体 M を K と L の合成体と呼ぶ．M は，K の元と L の元を材料に四則演算を用いて組み合わせてあらわされる数全体からなる体である．

命題 6.28

$K \subset \mathbb{C}$ を体とし，$\tilde{K}, L \subset \mathbb{C}$ は K を含む体とする．$\tilde{L}$ は $\tilde{K}$ と L の合成体であるとする．

(1) $\tilde{K} = K(\alpha_1, \alpha_2, \ldots, \alpha_r)$ ならば，$\tilde{L} = L(\alpha_1, \alpha_2, \ldots, \alpha_r)$ である．

(2) $\tilde{K}/K$ がガロア拡大なら，$\tilde{L}/L$ もガロア拡大である．さらに L/K もガロア拡大なら，$\tilde{L}/K$ もガロア拡大である．

(3) $\tilde{K}/K$ がガロア拡大で $\varphi \in \mathrm{Gal}(\tilde{L}/L)$ が体の同型 $\varphi: \tilde{L} \to \tilde{L}$ であるとき，$\varphi(\tilde{K}) = \tilde{K}$ である．これにより単射群準同型 $\mathrm{Gal}(\tilde{L}/L) \to \mathrm{Gal}(\tilde{K}/K)$ が定まる（言い換えれば，$\mathrm{Gal}(\tilde{L}/L)$ は自然に $\mathrm{Gal}(\tilde{K}/K)$ の部分群と見なせる）．

(4) $\tilde{K}/K$ がベキ根拡大なら $\tilde{L}/L$ もベキ根拡大であり，$\tilde{K}/K$ を作る際に必要な素数ベキ乗根の素数が $p_1, p_2, \ldots, p_s$ ならば，$\tilde{L}/L$ を作る際に必要な素数ベキ乗根の素数は $\{p_1, p_2, \ldots, p_s\}$ に含まれる．

[証明] (1) $L(\alpha_1, \ldots, \alpha_r)$ は明らかに $\tilde{K}$ と L を含むので，$\tilde{K}$ と L の合成体を含む．逆に M が $\tilde{K}$ と L を含む任意の体とすると，$M \supset L$ かつ $M \supset \{\alpha_1, \ldots, \alpha_r\}$ なので $M \supset L(\alpha_1, \ldots, \alpha_r)$ となる．よって $L(\alpha_1, \ldots, \alpha_r)$ は L と $\tilde{K}$ を含む最小の体であり，合成体となる．

(2) $\tilde{K}/K$ がガロア拡大なら，定理 4.29 により $\tilde{K}$ は K 上ある

多項式 $f(x) \in K[x]$ の分解体である．(1) より $\tilde{L}$ は L 上 $f(x)$ の分解体となるので，再び定理 4.29 により $\tilde{L}/L$ はガロア拡大となる．L/K もガロア拡大なら，L は K 上ある多項式 $g(x) \in K[x]$ の分解体となり，$\tilde{L}$ は K 上 $f(x)g(x)$ の分解体となるので，$\tilde{L}/K$ もガロア拡大である．

(3) $\beta \in \tilde{K}$ を取り，φ の定義域を $K(\beta)$ に制限すると $\varphi: K(\beta) \to \tilde{L}$ が定まり，命題 4.7 により $\varphi(\beta)$ は β の K 上の共役元である．命題 4.24 (2) により，β の共役元は全て $\tilde{K}$ に入るので，$\varphi(\tilde{K}) \subset \tilde{K}$ である．φ^{-1} に対しても同じ議論ができるので，$\varphi(\tilde{K}) = \tilde{K}$ が従い，写像 $\mathrm{Gal}(\tilde{L}/L) \to \mathrm{Gal}(\tilde{K}/K)$ が定まった．ガロア群の演算は写像の合成で定義されているが，先に写像を合成してから定義域を制限したものと，先に定義域を制限してから写像を合成したものは同じであり，よって写像 $\mathrm{Gal}(\tilde{L}/L) \to \mathrm{Gal}(\tilde{K}/K)$ は群準同型を定める．

$\tilde{K}$ は K 上 $f(x) \in K[x]$ の分解体とし，$\{\alpha_1, \ldots, \alpha_r\}$ を $f(x)$ の根の全体とすると $\tilde{K} = K(\alpha_1, \ldots, \alpha_r)$ であり，(1) により $\tilde{L} = L(\alpha_1, \ldots, \alpha_r)$ となる．定理 4.40 により $\mathrm{Gal}(\tilde{L}/L)$ は $\mathfrak{S}_{\{\alpha_1, \ldots, \alpha_r\}}$ の部分群と見なせる，つまり $\alpha_1, \alpha_2, \ldots, \alpha_r$ の行き先によって $\varphi \in \mathrm{Gal}(\tilde{L}/L)$ はただ 1 つに定まるので，制限写像 $\mathrm{Gal}(\tilde{L}/L) \to \mathrm{Gal}(\tilde{K}/K)$ は単射となる．

(4) $K = K_0 \subset K_1 \subset \cdots \subset K_s = \tilde{K}$，ただし $K_{i+1} = K_i(\sqrt[p_i]{f_i})$，$f_i \in K_i$，という形でベキ根拡大になっているとすると，(1) により $L = L_0 \subset L_1 \subset \cdots \subset L_s = \tilde{L}$，ただし $L_{i+1} = L_i(\sqrt[p_i]{f_i})$ とあらわされるので $\tilde{L}/L$ もベキ根拡大であり，必要な素数は $\{p_1, p_2, \ldots, p_s\}$ に含まれる． □

定理 6.25 により，代数的数 $\alpha \in \mathbb{C}$ を整数を材料に四則演算とベキ根であらわせるかどうかが，ガロア群によって決定されることが

6.3 ガロアの定理

わかる．すなわち次の定理が成り立つ．

定理 6.29

$\alpha \in \mathbb{C}$ は代数的数で，$\mathbb{Q}$ 上の既約多項式 $f(x) \in \mathbb{Q}[x]$ の根であるとする．K は $\mathbb{Q}$ 上の $f(x)$ の分解体とすると，α が整数を材料に四則演算とベキ根を使ってあらわされるための必要十分条件は，ガロア群 $\mathrm{Gal}(K/\mathbb{Q})$ が可解群となることである．

まず次の補題を証明する．

補題 6.30

p が素数なら，1 の原始 p 乗根は整数を材料に四則演算とベキ根を使ってあらわせる．

[補題 6.30 の証明] p の大きさについて帰納法．$p = 2$ なら 1 の原始 2 乗根は -1，$p = 3$ なら 1 の原始 3 乗根は $\dfrac{-1 \pm \sqrt{-3}}{2}$ なので O.K. 1 の原始 p 乗根 ζ を取ると，定理 5.13 により $\mathrm{Gal}(\mathbb{Q}(\zeta)/\mathbb{Q}) \simeq (\mathbb{Z}/p\mathbb{Z})^*$ である．$p-1$ の約数となるような素数 q についての 1 の原始 q 乗根は，帰納法の仮定より，整数を材料に四則演算とベキ根を使ってあらわされるとして良い．$\mathbb{Q}$ に，それらの q についての 1 の原始 q 乗根を全て添加して作った体を K とおく．命題 6.28 (2), (3) により体拡大 $K(\zeta)/K$ もガロア拡大であり，そのガロア群はアーベル群 $\mathrm{Gal}(\mathbb{Q}(\zeta)/\mathbb{Q}) \simeq (\mathbb{Z}/p\mathbb{Z})^*$ の部分群なので，命題 5.16 により可解群である．その可解性をあらわすガロア群の列に対応する中間体の列を取ると，定理 6.25 によりそれぞれの体拡大がベキ根による拡大になり，よって $K(\zeta)/K$ はベキ根拡大となる．よって $K(\zeta)$ の元は全て整数を材料に四則演算とベキ根によってあらわすことができ，特に原始 p 乗根 ζ もそうである． □

[定理 6.29 の証明] まず α が整数を材料に四則演算とベキ根を使ってあらわされると仮定する．α をあらわすときにあらわれる全ての p 乗根（ただし p は素数）を並べ，それらの p についての 1 の原始 p 乗根全てを $\mathbb{Q}$ に添加した体 L を考える．$L/\mathbb{Q}$ は 1 の原始 p 乗根，特に 1 の原始 p 乗根の $\mathbb{Q}$ 上の共役元を全て含んでいるので $\prod_p (x^p - 1)$ の分解体となり，定理 4.29 (1) により $L/\mathbb{Q}$ はガロア拡大である．各原始 p 乗根を付け加える拡大はアーベル群をガロア群として持つガロア拡大なので，$\mathrm{Gal}(L/\mathbb{Q})$ は可解群である．

また，仮定より $\mathbb{Q}(\alpha)/\mathbb{Q}$ はベキ根拡大となる．任意の $\varphi \in \mathrm{Gal}(K/\mathbb{Q})$ に対し問題 6.22 (1) により $\mathbb{Q}(\varphi(\alpha))/\mathbb{Q}$ もベキ根拡大であり，$\varphi(\alpha)$ は α の共役元全体を走ることと，問題 6.22 (2) から $K/\mathbb{Q}$ もベキ根拡大となる．K と L の合成体を M とおくと，命題 6.28(4) により M/L はベキ根拡大であり，そこで素数 p に対し p 乗根が必要であるとすれば，1 の原始 p 乗根は L に入っている．また命題 6.28 (2) により M/L はガロア拡大であるが，定理 6.16 によりそのガロア群は可解群になる．命題 6.28(2) より $M/\mathbb{Q}$ はガロア拡大であり，そのガロア群を G，L に対応する部分群を H とおくと，定理 4.43 により $L/\mathbb{Q}$ のガロア群は G/H となる．G/H は可解群なので $G/H =: \overline{G}_0 \supset \overline{G}_1 \supset \cdots \supset \overline{G}_k = \{\overline{e}\}$ で $\overline{G}_{i+1}$ は $\overline{G}_i$ の正規部分群，$\overline{G}_i/\overline{G}_{i+1}$ は素数位数の巡回群，という列を持つ．G_i を自然写像 $G \to G/H$ による $\overline{G}_i$ の逆像とすると $G = G_0 \supset G_1 \supset \cdots \supset G_k = H$ という列で，G_{i+1} は G_i の正規部分群，G_i/G_{i+1} は素数位数の巡回群となる．さらに $H = \mathrm{Gal}(M/L)$ は可解群であったので，$H = G_k \supset G_{k+1} \supset G_\ell = \{e\}$ という列で G_{j+1} は G_j の正規部分群，G_j/G_{j+1} は素数位数の巡回群となるようなものが存在する．両方の列をつなげれば，これは G が可解群であることを意味している．

中間体 K に対応する G の部分群を H_K とおくと，定理 4.43 により H_K は G の正規部分群であり，G/H_K は $\mathrm{Gal}(K/\mathbb{Q})$ に同型である．問題 6.23 (4) により，$G/H_K \simeq \mathrm{Gal}(K/\mathbb{Q})$ が可解群であることが示された．

逆に $\mathrm{Gal}(K/\mathbb{Q})$ が可解群であるとする．その群の位数の素因子となるような全ての素数 p に対して 1 の原始 p 乗根を取り，それら全てを $\mathbb{Q}$ に添加した体を（証明前半と同じ記号で申し訳ないが）L とおく．補題 6.30 により $L/\mathbb{Q}$ はベキ根拡大である．（再び証明前半と同じ記号で申し訳ないが）L と K の合成体を M とおく．命題 6.28(2), (3) により M/L もガロア拡大であり，そのガロア群は可解群 $\mathrm{Gal}(K/\mathbb{Q})$ の部分群と見なせる．あとで補題 6.31 で示す通り，$\mathrm{Gal}(M/L)$ も可解群となる．その可解性をあらわす部分群の列に対応する中間体の列を考えると，定理 6.25 によりそれぞれの体拡大がベキ根の添加によってあらわされる．よって M/L もベキ根拡大であり，したがって $M/\mathbb{Q}$ もベキ根拡大になる．特に $\alpha \in M$ なので，$\mathbb{Q}$ の元を材料に（よって整数を材料に）四則演算とベキ根によってあらわされる．あとは次の補題を示せば良い．

補題 6.31

G が可解群なら，その部分群も可解群である．

[証明]　G は可解群なので，$G = G_0 \supset G_1 \supset \cdots \supset G_r = \{e\}$, G_{i+1} は G_i の正規部分群で G_i/G_{i+1} は素数位数の巡回群，という部分群の列が存在する．G の部分群 H に対し，$H_i := H \cap G_i$ とおく．任意の $g \in G_i \cap H$, $h \in G_{i+1} \cap H$ に対し，まず G_{i+1} が G_i の正規部分群なので $ghg^{-1} \in G_{i+1}$ であり，H が部分群なので $ghg^{-1} \in H$ である．よって $ghg^{-1} \in G_{i+1} \cap H$ となり，H_{i+1} は H_i の正規部分群になることがわかった．

次に群準同型 2 つの合成 $H_i = G_i \cap H \to G_i \to G_i/G_{i+1}$ の核は $G_{i+1} \cap H = H_{i+1}$ なので，H_i/H_{i+1} は G_i/G_{i+1} の部分群である．G_i/G_{i+1} は素数位数の巡回群なので，H_i/H_{i+1} は単位群か，あるいは素数位数の巡回群である．よって列 $H = H_0 \supset H_1 \supset \cdots \supset H_r = \{e\}$ において，等号が成り立つところを取り除けば，H が可解群であることを示す列となっている．（補題 6.31 の証明終わり，よって定理 6.29 の証明終わり） □

最後に例として，$\cos\dfrac{2\pi}{11}$，つまり 1 の原始 11 乗根の実部を計算してみよう．ここで 1 の原始 11 乗根は $\sqrt[11]{1}$ としてあらわすことはできないことに注意する．$\sqrt[11]{1}$ は 1 の原始 11 乗根ではなく 1 なのだ．では $2\cos\dfrac{2\pi}{11}$ を，整数を材料に四則とベキ根であらわすための準備を，問題形式で行う．

なお，1 の原始 11 乗根を初めて求めたのは 1771 年のファンデルモンドの論文である．富永和宏氏が修士論文でその計算を確かめた．

問題 6.32

$\zeta = \cos\dfrac{2\pi}{11} + \sqrt{-1}\sin\dfrac{2\pi}{11}$ とおく．また $\alpha = 2\cos\dfrac{2\pi}{11}$ とおく．さらに η を 1 の原始 5 乗根 $\eta = \cos\dfrac{2\pi}{5} + \sqrt{-1}\sin\dfrac{2\pi}{5}$ とおく．

(1) $\mathbb{Q}(\zeta)/\mathbb{Q}$ はガロア拡大であり，そのガロア群は $\varphi(\zeta) = \zeta^2$ によって定まる体の同型 $\varphi : \mathbb{Q}(\zeta) \to \mathbb{Q}(\zeta)$ が生成する位数 10 の巡回群であることを示せ．

(2) $\mathbb{Q}(\alpha)/\mathbb{Q}$ に対応する固定部分群は $\{\mathrm{id}, \varphi^5\}$ であることを示せ．$\mathbb{Q}(\alpha)/\mathbb{Q}$ はガロア拡大であり，φ を $\mathbb{Q}(\alpha) \to \mathbb{Q}(\alpha)$ に制限した写像（これも記号を省略して単に φ と書く）が生成する位数 5 の巡回群であることを示せ．

(3) α の $\mathbb{Q}$ 上の既約多項式は $g(x) = x^5 + x^4 - 4x^3 + 3x^2 - 3x + 1$

であることを示せ.

(4) (2) で定義した φ に関して k が整数なら
$$\varphi\left(2\cos\left(k\frac{2\pi}{11}\right)\right) = 2\cos\left(2k\frac{2\pi}{11}\right)$$
となることを示せ.

(5) $\varphi(\alpha) = \alpha^2 - 2$, $\varphi^2(\alpha) = \alpha^4 - 4\alpha^2 + 2$, $\varphi^3(\alpha) = \alpha^3 - 3\alpha$, $\varphi^4(\alpha) = -\alpha^4 - \alpha^3 + 3\alpha^2 + 2\alpha - 1$ となることを示せ.

(6) $\cos\dfrac{2\pi}{5} = \dfrac{-1+\sqrt{5}}{4}$ であることを示せ. また
$$\eta = \frac{-1+\sqrt{5}+\sqrt{-10-2\sqrt{5}}}{4}$$
であることを示せ.

(7) $K = \mathbb{Q}(\eta)$ とし,$L = \mathbb{Q}(\eta, \alpha)$ とおく.$[L:K] = 5$ であること,よって $g(x)$ が K 上でも既約であることを示せ.

(8) $\varphi: \mathbb{Q}(\alpha) \to \mathbb{Q}(\alpha)$ は自然に $\mathrm{Gal}(L/K)$ の元に拡張され(これもまた φ と書く),$\mathrm{Gal}(L/K)$ は φ が生成する位数 5 の巡回群であることを示せ.

$\theta = \dfrac{2\pi}{11}$ として
$$\beta_1 = 2\cos\theta + 2\eta^4\cos 2\theta + 2\eta^3\cos 4\theta + 2\eta^2\cos 3\theta + 2\eta\cos 5\theta$$
と定義する.$\alpha = 2\cos\theta$ なので問題 6.32 (4), (5) を使って
$$\begin{aligned}\beta_1 &= 2\cos\theta + 2\eta^4\cos 2\theta + 2\eta^3\cos 4\theta + 2\eta^2\cos 3\theta + 2\eta\cos 5\theta \\ &= \alpha + \eta^4(\alpha^2-2) + \eta^3(\alpha^4 - 4\alpha^2 + 2) + \eta^2(\alpha^3 - 3\alpha) \\ &\quad + \eta(-\alpha^4 - \alpha^3 + 3\alpha^2 + 2\alpha - 1)\end{aligned}$$

というように α と η を使ってあらわされる.定理 6.25 により,β_1 の 5 乗が K に入るはずである.手計算だと大変だが,ここはコンピューターの代数計算ソフトが使える.

まず β_1 の定義式の右辺を α と η の多項式と見なして 5 乗し，次にこれを α を変数とする多項式と見なして $g(\alpha) = \alpha^5 + \alpha^4 - 4\alpha^3 + 3\alpha^2 - 3\alpha + 1$ で割り算して余りを取る．さらにその余りを η の多項式と見なして $\eta^4 + \eta^3 + \eta^2 + \eta + 1$ で割り算して余りを取る．計算結果は予定通り α を含まない η だけの式

$$\beta_1^5 = 385\eta^3 + 110\eta^2 + 220\eta - 66$$

になる．両辺の 5 乗根を取り，$\eta = \dfrac{-1 + \sqrt{5} + \sqrt{-10 - 2\sqrt{5}}}{4}$ を代入すれば，確かに β_1 が有理数を四則演算とベキ乗を組み合わせた式であらわされたわけだ．$L = K(\eta, \beta_1)$ なので，α は η と β_1 を四則演算で組み合わせてあらわされる．

もっと具体的に $\cos \dfrac{2\pi}{11}$ の式を作ろう．まず上記の β_1 の計算には η が $x^4 + x^3 + x^2 + x + 1 = 0$ の解である，という条件しか使っていないことに注意する．したがって，η のところに他の解，つまり η^k (ただし $k = 1, 2, 3, 4$) を代入してもやはり等号が成立する．すなわち

$$\beta_k = \alpha + \eta^{4k}(\alpha^2 - 2) + \eta^{3k}(\alpha^4 - 4\alpha^2 + 2) + \eta^{2k}(\alpha^3 - 3\alpha)$$
$$+ \eta^k(-\alpha^4 - \alpha^3 + 3\alpha^2 + 2\alpha - 1)$$

とおけば

$$\beta_k^5 = 385\eta^{3k} + 110\eta^{2k} + 220\eta^k - 66$$

という等式が成り立つ．$h(x) = 385x^3 + 110x^2 + 220x - 66$ とおくと，$\beta_k^5 = h(\eta^k)$ となるのだ．したがって $\theta = \dfrac{2\pi}{11}$ を用いて

$$
\begin{array}{rlllll}
\sqrt[5]{h(\eta)} & = 2\cos\theta & +2\eta^4\cos 2\theta & +2\eta^3\cos 4\theta & +2\eta^2\cos 3\theta & +2\eta\cos 5\theta \\
\sqrt[5]{h(\eta^2)} & = 2\cos\theta & +2\eta^8\cos 2\theta & +2\eta^6\cos 4\theta & +2\eta^4\cos 3\theta & +2\eta^2\cos 5\theta \\
\sqrt[5]{h(\eta^3)} & = 2\cos\theta & +2\eta^{12}\cos 2\theta & +2\eta^9\cos 4\theta & +2\eta^6\cos 3\theta & +2\eta^3\cos 5\theta \\
\sqrt[5]{h(\eta^4)} & = 2\cos\theta & +2\eta^{16}\cos 2\theta & +2\eta^{12}\cos 4\theta & +2\eta^8\cos 3\theta & +2\eta^4\cos 5\theta \\
-1 & = 2\cos\theta & +2\cos 2\theta & +2\cos 4\theta & +2\cos 3\theta & +2\cos 5\theta \\
\hline
\text{上の和} & = 10\cos\theta
\end{array}
$$

5 行目は，1 の原始 11 乗根 ζ の $\mathbb{Q}$ 上の既約多項式 $0 = 1+\zeta+\zeta^2+\cdots+\zeta^{10}$ の 1 を移項して右辺を 2 つずつまとめ

$$-1 = (\zeta+\zeta^{10})+(\zeta^2+\zeta^9)+(\zeta^3+\zeta^8)+(\zeta^4+\zeta^7)+(\zeta^5+\zeta^6)$$

として，$\zeta^k+\zeta^{11-k} = 2\cos k\theta$ を代入すれば得られる．また $\cos\theta$ 以外の全ての列では，$\eta^5 = 1$ に注意すると $1, \eta, \eta^2, \eta^3, \eta^4$ が一回ずつあらわれ，$1+\eta+\eta^2+\eta^3+\eta^4 = 0$ により消えてしまう．したがって $h(x) = 385x^3+110x^2+220x-66$ に対して

$$\cos\frac{2\pi}{11} = \frac{\sqrt[5]{h(\eta)}+\sqrt[5]{h(\eta^2)}+\sqrt[5]{h(\eta^3)}+\sqrt[5]{h(\eta^4)}-1}{10}$$

に $\eta = \dfrac{-1+\sqrt{5}+\sqrt{-10-2\sqrt{5}}}{4}$ を代入すれば，確かに $\cos\dfrac{2\pi}{11}$ をあらわす四則とベキ根による式が得られた．

具体的には

$$
\begin{aligned}
h(\eta) &= \frac{11}{4}(-89-25\sqrt{5})+\frac{55}{8}(13-5\sqrt{5})\sqrt{-(10+2\sqrt{5})} \\
&= -398.47967345+47.59148920i \\
&= (2.63610556-2.01269656i)^5 \\
&= \left(2\cos\theta+2\eta^4\cos 2\theta+2\eta^3\cos 4\theta+2\eta^2\cos 3\theta+2\eta\cos 5\theta\right)^5
\end{aligned}
$$

$$h(\eta^2) = \frac{11}{4}(-89 + 25\sqrt{5}) + \frac{55}{4}(3 + \sqrt{5})\sqrt{-(10 + 2\sqrt{5})}$$
$$= -91.02032655 + 390.85329749i$$
$$= (2.07016210 - 2.59122159i)^5$$
$$= \left(2\cos\theta + 2\eta^8 \cos 2\theta + 2\eta^6 \cos 4\theta + 2\eta^4 \cos 3\theta + 2\eta^2 \cos 5\theta\right)^5$$
$$h(\eta^3) = \frac{11}{4}(-89 + 25\sqrt{5}) - \frac{55}{4}(3 + \sqrt{5})\sqrt{-(10 + 2\sqrt{5})}$$
$$= -91.02032655 - 390.85329749i$$
$$= (2.07016210 + 2.59122159i)^5$$
$$= \left(2\cos\theta + 2\eta^{12} \cos 2\theta + 2\eta^9 \cos 4\theta + 2\eta^6 \cos 3\theta + 2\eta^3 \cos 5\theta\right)^5$$
$$h(\eta^4) = \frac{11}{4}(-89 - 25\sqrt{5}) - \frac{55}{8}(13 - 5\sqrt{5})\sqrt{-(10 + 2\sqrt{5})}$$
$$= -398.47967345 - 47.59148920i$$
$$= (2.63610556 + 2.01269656i)^5$$
$$= \left(2\cos\theta + 2\eta^{16} \cos 2\theta + 2\eta^{12} \cos 4\theta + 2\eta^8 \cos 3\theta + 2\eta^4 \cos 5\theta\right)^5$$

より

$$\cos\frac{2\pi}{11} = \frac{2(2.63610556 + 2.07016210) - 1}{10}$$
$$= 0.841254\cdots$$

と求まる.

練習問題の解答

練習問題 1.5 (1) $F(\alpha,\beta) = \sum_{i,j} c_{i,j}\alpha^i\beta^j$ という形であるとすると, $F(\beta,\alpha) = \sum_{i,j} c_{i,j}\beta^i\alpha^j$ となるので, $F(\alpha,\beta) = F(\beta,\alpha)$ ならば係数を比較して $c_{i,j} = c_{j,i}$ となる. よって $F(\alpha,\beta) = \sum_{i<j} c_{i,j}(\alpha^i\beta^j + \beta^i\alpha^j) + \sum_i c_{i,i}\alpha^i\beta^i$ とあらわされる. ここで $i<j$ ならば $n=i, m=j-i$ とおいて $\alpha^i\beta^j + \beta^i\alpha^j = \alpha^n\beta^n(\alpha^m+\beta^m)$ となり, また $n=i, m=0$ とおけば $\alpha^i\beta^i = \frac{1}{2}\alpha^n\beta^n(\alpha^m+\beta^m)$ となるので $F(\alpha,\beta)$ はこれらの式の線形結合である.

(2) m について帰納法. $m=0$ ならば, $\alpha^n\beta^n(1+1) = 2B^n$ である. $m-1$ までの場合は $\alpha^n\beta^n(\alpha^m+\beta^m)$ が A と B の多項式としてあらわされることが既に示されているとして, $B^nA^m - \alpha^n\beta^n(\alpha^m+\beta^m)$ は $\alpha^{n+k}\beta^{n+k}(\alpha^{m-2k}+\beta^{m-2k})$ の線形結合としてあらわされるので, 帰納法が成立する.

練習問題 1.9

$$\sqrt[3]{-\frac{1}{2}+\frac{\sqrt{93}}{18}} + \sqrt[3]{-\frac{1}{2}-\frac{\sqrt{93}}{18}}, \omega\sqrt[3]{-\frac{1}{2}+\frac{\sqrt{93}}{18}} + \omega^2\sqrt[3]{-\frac{1}{2}-\frac{\sqrt{93}}{18}},$$

$$\omega^2 \sqrt[3]{-\frac{1}{2} + \frac{\sqrt{93}}{18}} + \omega \sqrt[3]{-\frac{1}{2} - \frac{\sqrt{93}}{18}}$$

ただし $\omega = \dfrac{-1 + \sqrt{-3}}{2}$

練習問題 1.11 $x^4 + 2kx^2 + k^2 = (2k-1)x^2 + 6x + (k^2 - 1)$ とおき，右辺が完全平方になるように k の値を定めると，例えば $k = 2$ とすればよい．$(x^2 + 2)^2 = (\sqrt{3}(x+1))^2$ なので $x^2 + \sqrt{3}x + (2 + \sqrt{3}) = 0$, $x^2 - \sqrt{3} + (2 - \sqrt{3}) = 0$ という 2 つの 2 次方程式が得られる．よって

$$x = \frac{\sqrt{3} \pm \sqrt{-5 + 4\sqrt{3}}}{2},\ \frac{-\sqrt{3} \pm \sqrt{-5 - 4\sqrt{3}}}{2}$$ が解となる．

練習問題 2.27 拡張ユークリッド互除法によれば

$$\frac{31}{25} = \left(\frac{1}{5}x^2 + \frac{4}{25}x - \frac{3}{25}\right)(x^2 + 2x - 1) + \left(-\frac{1}{5}x - \frac{14}{25}\right)(x^3 - 2)$$

となるので，$x = \sqrt[3]{2}$ を代入して変形すると

$$\frac{1}{\sqrt[3]{4} + 2\sqrt[3]{2} - 1} = \frac{5\sqrt[3]{4} + 4\sqrt[3]{2} - 3}{31}$$

が得られる．

索　引

■ **数字，アルファベット**
1 の n 乗根　136
1 の原始 n 乗根　136
d 次代数的　38
K 上代数的　32
K 上の既約多項式　34
K 上の線形空間　50
n 次円分多項式　141
n 次対称群　163

■ **あ**
アイゼンシュタインの補題　142
エルミート　81
円積問題　72
円分拡大　141
オイラーのファイ関数　137

■ **か**
ガウスの補題　76
可解群　184
拡大次数　54
拡張ユークリッド互除法　43
角の三等分問題　72
カルダノ変換　8, 12
ガロア拡大　112
ガロア群　112
ガロア理論の基本定理　118

基本対称式　168
共役　96
合成体　189
公約多項式　39
固定中間体　115
固定部分群　115

■ **さ**
最大公約多項式　39
作図可能な円　64
作図可能な数　65
作図可能な直線　64
作図可能な点　64
作図のルール　64
三大作図問題　72
自己同型群　15, 110
次数公式　55
標数　98, 99
正 7 角形　125
正規底　156
正標数　99

■ **た**
体　27
対称式　5, 15, 163
対称式論の基本定理　170
代数学の基本定理　97

代数的数　32
代数的な数　32
体の準同型　84
体の同型写像　84
単純拡大　129
単数群　144

■ は
倍積問題　72
倍多項式　39
非可解群　184
フェラーリの方法　12
不変部分群　17
分解体　112

分母の有理化　26, 46
ベキ根拡大　184

■ や
約多項式　39
ユークリッド円　69
ユークリッド数　68
ユークリッド直線　68
ユークリッド点　68
有理関数体　162

■ ら
リンデマン　82

memo

memo

〈著者紹介〉

木村　俊一（きむら　しゅんいち）

略　歴
1963年生．東京大学理学部数学科卒，シカゴ大学 Ph.D., MIT 客員助教授，ユタ大学客員助教授，ヴァージニア大学客員助教授，マックスプランク研究所客員研究員を経て 1996 年から広島大学，現在広島大学先進理工系科学研究科教授．専門は代数幾何，特にモチーフ理論．

数学のかんどころ 14	著　者	木村　俊一　ⓒ 2012
ガロア理論	発行者	南條光章
(*Galois Theory*)	発行所	共立出版株式会社
2012 年 11 月 15 日　初版 1 刷発行		東京都文京区小日向 4-6-19
2022 年 3 月 30 日　初版 4 刷発行		電話　03-3947-2511（代表）
		郵便番号　112-0006
		振替口座　00110-2-57035
		www.kyoritsu-pub.co.jp
	印　刷	大日本法令印刷
	製　本	協栄製本

検印廃止
NDC 411.73
ISBN 978-4-320-01994-2

一般社団法人
自然科学書協会
会員

Printed in Japan

JCOPY ＜出版者著作権管理機構委託出版物＞
本書の無断複製は著作権法上での例外を除き禁じられています．複製される場合は，そのつど事前に，出版者著作権管理機構（TEL：03-5244-5088, FAX：03-5244-5089, e-mail：info@jcopy.or.jp）の許諾を得てください．

数学の かんどころ

編集委員会：飯高　茂・中村　滋・岡部恒治・桑田孝泰

ここがわかれば数学はこわくない！　数学理解の要点（極意）ともいえる"かんどころ"を懇切丁寧にレクチャー。ワンテーマ完結＆コンパクト＆リーズナブル主義の現代的な数学ガイドシリーズ。

① 内積・外積・空間図形を通して **ベクトルを深く理解しよう**
　飯高　茂著‥‥‥‥‥120頁・定価1,650円

② **理系のための行列・行列式** めざせ！理論と計算の完全マスター
　福間慶明著‥‥‥‥‥208頁・定価1,870円

③ **知っておきたい幾何の定理**
　前原　濶・桑田孝泰著‥176頁・定価1,650円

④ **大学数学の基礎**
　酒井文雄著‥‥‥‥‥148頁・定価1,650円

⑤ **あみだくじの数学**
　小林雅人著‥‥‥‥‥136頁・定価1,650円

⑥ **ピタゴラスの三角形とその数理**
　細矢治夫著‥‥‥‥‥198頁・定価1,870円

⑦ **円錐曲線** 歴史とその数理
　中村　滋著‥‥‥‥‥158頁・定価1,650円

⑧ **ひまわりの螺旋**
　来嶋大二著‥‥‥‥‥154頁・定価1,650円

⑨ **不等式**
　大関清太著‥‥‥‥‥196頁・定価1,870円

⑩ **常微分方程式**
　内藤敏機著‥‥‥‥‥264頁・定価2,090円

⑪ **統計的推測**
　松井　敬著‥‥‥‥‥218頁・定価1,870円

⑫ **平面代数曲線**
　酒井文雄著‥‥‥‥‥216頁・定価1,870円

⑬ **ラプラス変換**
　國分雅敏著‥‥‥‥‥200頁・定価1,870円

⑭ **ガロア理論**
　木村俊一著‥‥‥‥‥214頁・定価1,870円

⑮ **素数と２次体の整数論**
　青木　昇著‥‥‥‥‥250頁・定価2,090円

⑯ **群論，これはおもしろい** トランプで学ぶ群
　飯高　茂著‥‥‥‥‥172頁・定価1,650円

⑰ **環論，これはおもしろい** 素数分解と循環小数への応用
　飯高　茂著‥‥‥‥‥190頁・定価1,650円

⑱ **体論，これはおもしろい** 方程式と体の理論
　飯高　茂著‥‥‥‥‥152頁・定価1,650円

⑲ **射影幾何学の考え方**
　西山　享著‥‥‥‥‥240頁・定価2,090円

⑳ **絵ときトポロジー** 曲面のかたち
　前原　濶・桑田孝泰著‥128頁・定価1,650円

㉑ **多変数関数論**
　若林　功著‥‥‥‥‥184頁・定価2,090円

㉒ **円周率 歴史と数理**
　中村　滋著‥‥‥‥‥240頁・定価1,870円

㉓ **連立方程式から学ぶ行列・行列式**
　意味と計算の完全理解　岡部恒治・長谷川愛美・村田敏紀著‥‥232頁・定価2,090円

㉔ **わかる！使える！楽しめる！ベクトル空間**
　福間慶明著‥‥‥‥‥198頁・定価2,090円

㉕ **早わかりベクトル解析**
　３つの定理が織りなす華麗な世界
　澤野嘉宏著‥‥‥‥‥208頁・定価1,870円

㉖ **確率微分方程式入門** 数理ファイナンスへの応用
　石村直之著‥‥‥‥‥168頁・定価2,090円

㉗ **コンパスと定規の幾何学** 作図のたのしみ
　瀬山士郎著‥‥‥‥‥168頁・定価1,870円

㉘ **整数と平面格子の数学**
　桑田孝泰・前原　濶著‥140頁・定価1,870円

㉙ **早わかりルベーグ積分**
　澤野嘉宏著‥‥‥‥‥216頁・定価2,090円

㉚ **ウォーミングアップ微分幾何**
　國分雅敏著‥‥‥‥‥168頁・定価2,090円

㉛ **情報理論のための数理論理学**
　板井昌典著‥‥‥‥‥214頁・定価2,090円

㉜ **可換環論の勘どころ**
　後藤四郎著‥‥‥‥‥238頁・定価2,090円

㉝ **複素数と複素数平面** 幾何への応用
　桑田孝泰・前原　濶著‥148頁・定価1,870円

㉞ **グラフ理論とフレームワークの幾何**
　前原　濶・桑田孝泰著‥150頁・定価1,870円

㉟ **圏論入門**
　前原和壽著‥‥‥‥‥‥‥‥‥品 切

㊱ **正則関数**
　新井仁之著‥‥‥‥‥196頁・定価2,090円

㊲ **有理型関数**
　新井仁之著‥‥‥‥‥182頁・定価2,090円

㊳ **多変数の微積分**
　酒井文雄著‥‥‥‥‥200頁・定価2,090円

㊴ **確率と統計** 一から学ぶ数理統計学
　小林正弘・田畑耕治著‥224頁・定価2,090円

【各巻：A5判・並製・税込価格】
（価格は変更される場合がございます）

共立出版

www.kyoritsu-pub.co.jp
https://www.facebook.com/kyoritsu.pub